石油化工架空热力管道系统结构与强度设计的理论与方法

仝兴华　崔孝秉　著

石油大学出版社

图书在版编目(CIP)数据

石油化工架空热力管道系统结构与强度设计的理论与方法/仝兴华编著.—东营：石油大学出版社，2002.12
ISBN 7-5636-1737-X

Ⅰ.石... Ⅱ.仝... Ⅲ.石油管道：架空管道：供热管道—设计 Ⅳ973.1

中国版本图书馆 CIP 数据核字(2002)第 108754 号

书　　名：石油化工架空热力管道系统结构与强度设计的理论与方法
作　　者：仝兴华　崔孝秉

责任编辑：丁仰奎（电话 0546—8392565）
封面设计：孟卫东

出 版 者：石油大学出版社（山东 东营，邮编 257061）
网　　址：http://sunctr.hdpu.edu.cn
电子信箱：jiaocai@mail.hdpu.edu.cn
印 刷 者：青岛星球印刷有限公司
发 行 者：石油大学出版社（电话 0546—8391797）
开　　本：140×202　印张：6.125　插页：4　字数：160 千字
版　　次：2002 年 12 月第 1 版第 1 次印刷
定　　价：18.00 元

前　言

架空热力管道系统在石油、石化和城市供热、水、电工程中的应用广泛。为了提高管系的设计质量和保证管线的安全运行，必须对架空热力管道系统的结构和强度设计给以充分的重视，精确的设计计算至关重要。

本书讨论了当前架空热力管道系统结构与强度设计中存在的一些问题，重点研究了管道热胀时支架摩擦力对管道热胀位移和应力的影响，建立了支架摩擦力与管道位移间的非线性关系，论述了变弹簧系数迭代法的基本原理和分析方法，为架空热力管道系统的非线性结构分析奠定了理论基础。

为了解决工程设计中的一些关键问题，本书提出了一种架空热力管道系统非线性数值结构分析的新方法——有限元迭代法。该方法把变弹簧系数迭代法和有限单元法相结合，设计计算时既能考虑到支架摩擦力对管系热胀位移和应力的影响，又能分析任意复杂形式的架空热力管道系统，为管道工程的系统设计提供了有效的分析手段。以该方法为依据研制的专用于计算三维架空热力管道系统的非线性结构分析程序 AOPAP(Advanced Overhead Pipeline Analysis Program)，可以对多分支、多工况、多种材料、多种约束下的三维架空热力管道系统进行结构分析；可以处理各种形式的支吊架和补偿器；可以分析管道与支架间不同的摩擦接触情况。根据计算结果易于检查管道设计的安全性和经济性，进而改进不合理的设计。本程序已在大型架空蒸汽管道设计中应用，取得了良好的效果。

本书所研究的架空热力管道系统的非线性结构分析方法及其应用程序，第一次比较全面而准确地考虑了支架摩擦力对管系热胀位移和应力的影响，可对复杂的架空热力管道系统进行准确度很高的结构分析；解决了当前管道工程设计中急需解决的关键性问题，增强了架空热力管道系统设计的科学基础，对指导工程设计有重要的实际意义。

本书是作者在热力管道强度研究领域多年来进行科研工作的基础上完成的。在研究工作过程中，得到了蔡强康教授和岳伯谦教授的指导、支持与合作，程序的编制得到了齐明侠博士的帮助，工程实际应用得到了辽阳石油化纤公司、齐鲁石化公司、安庆石化公司等设计和生产单位的有关领导和工程技术人员的配合协作，在此一并表示感谢。

由于作者水平有限，书中不可避免地存在缺陷和不足，敬请读者予以批评指正。

目　　录

前　言

第四章　架空热力管道系统中的一些特殊问题

第一章

绪　论

本章提要

架空热力管道系统的弹性和强度设计是架空热力管道系统总体设计的一个重要方面。本章综合评述了当前的一些管道弹性和强度设计的分析计算方法，论证了用新方法对热力管道系统进行结构分析的必要性。

§1.1 问题的提出

随着石油、石化工程和城市供热工程的不断发展，对管道系统的设计要求不断提高。架空热力管道系统是应用较为广泛的管道系统，其弹性和强度设计作为总体设计的一个重要方面，必须给以充分的重视和研究。

几十年来，人们在管道系统的设计计算方法方面已取得相当大的进展，积累了相当丰富的经验，同时也不断发现一些问题：

a. 随着长距离架空热力管道系统在石油、石化工程和城市供热工程中的广泛应用，设计人员发现，在管道系统的应力分析方面，缺乏有效的系统结构分析方法。一些传统的分析计算方法误差较大，且大多只限于局部分析，已远远落后于工程发展的要求，但几十年来一直为工程设计人员所沿用。

b. 输送热水、蒸汽或其他化工流体的架空热力管道系统，热胀时都受到支架摩擦力的作用。由于摩擦力方向未知，求解位移成为非线性问题。传统的分析计算方法没有考虑这种非线性因素，一般简化成无摩擦状态处理，不能正确地反映实际情况。

c. 以往，管道设计人员在设计管道系统时主要是凭借经验或依据前人的设计方案进行设计。但随着对管道系统的设计要求的不断提高，以及一些管道新元件、新技术的不断推广应用，使得管道设计人员在工作中缺少可供参考的、先进的分析计算方法。

为了解决管道系统结构分析中的这些新问题，为了给管道设计人员提供先进的、较精确的管道系统结构分析方法，更好地指导工程设计，本书提出了新的分析计算方法和设计思想，并为工程设计人员提供了方便、实用、经济、可靠的计算机程序。

§1.2 架空热力管道系统的位移和应力分析方法综述

热力管道系统的位移和应力分析与计算方法，是随着科学技术的发展和高温高压管道的应用而发展起来的，而且在实践中不断得到修正、发展和完善。

20 世纪 20 年代前后，人们对热胀问题的处理还是比较原始的。大体上是按基本的框架结构来分析，有时也依据制造厂家对于简单的热胀形式(譬如 U 形弯头)的试验所得的数据来进行分析。由于当时对弯管的特殊性尚不太了解，所以其分析结果与试验数据相差较大。

随着人们对管道及其弯头特性的不断研究，到了 20 世纪三四十年代，对于管道的弹性分析便有了诸如弹性中心法、图解法、力矩分配法、一般解析法、模型试验法、柱比法等分析方法。在这些方法中，有些方法间的差别是由于运算的先后次序不同或记录方法的不同造成的。

20 世纪 50 年代，人们开始运用结构分析的矩阵方法来计算管系，求解管系端点的作用力、力矩和位移。而随着结构分析方法的发展和计算机的普遍应用，几十年来，人们运用结构分析的矩阵方法，借助于计算机的强大运算处理能力，同时结合管系结构的特点，发展了管道系统的位移和应力分析的有限单元法、等值刚度法、追赶位移法、始参数法等分析计算方法。使得管系的弹性和强度分析计算由原来只能进行局部分析处理变成可以进行整个系统的分析计算。

目前我国管道工程界经常使用的方法有弹性中心法、补偿段长度法、等值刚度法以及有限单元法等。现行的热力管道规范中以弹性中心法为基本的管道应力分析方法。

1.2.1 管系作用力计算的基本原理

计算管道在承载情况下的作用力和力矩，是进行管系应力分析的基础，同时也为安装提供所需的准确数据。

管系的作用力计算以力法为主。由于管系一般为静不定系统，单从静力平衡方程式无法求解，必须先放松系统成为静定结构，然后借变形协调关系来确定赘余力。

对于一个复杂的管道系统，一般借助于固定支架把管系分成若干独立部分。在不失一般性的情况下，只讨论具有两个固支端点的单支管系的作用力计算。

1.2.1.1 计算系统和坐标系的选择

为了计算具有两个固定端点的单支管系的作用力，令 A 端固定，B 端释放，而在 B 端施加作用力 P^B 以维持 B 端保持原固定状态(图 1-1)。这样，管系 AB 变成静定系统，为了求解作用力 P^B，需要建立 B 端的变形协调方程。同时，为了方便起见，建立计算坐标系如图 1-2 所示，坐标系 $Oxyz$ 为右旋直角坐标系。

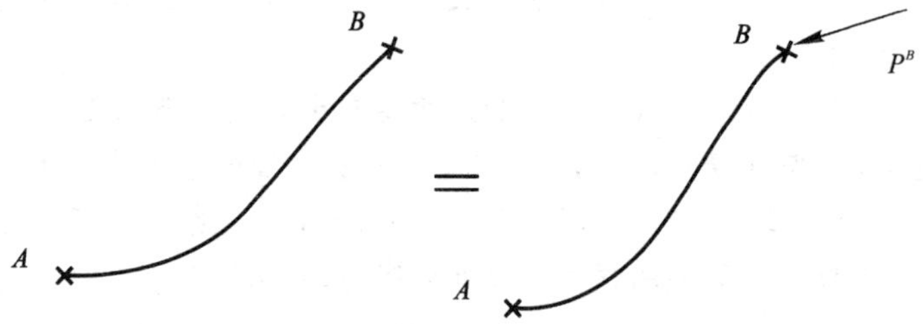

图 1-1　两端固定的单支管道及其计算系统

在计算中，需要把管系在各个投影面投影，规定 x—y 平面为 z 平面，y—z 平面为 x 平面，z—x 平面为 y 平面。

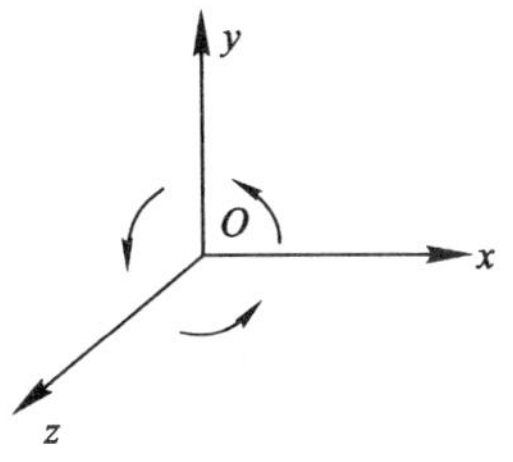

图 1-2　右旋直角坐标系

在确定坐标系后，力和位移的正负号规定如下(图 1-3)：

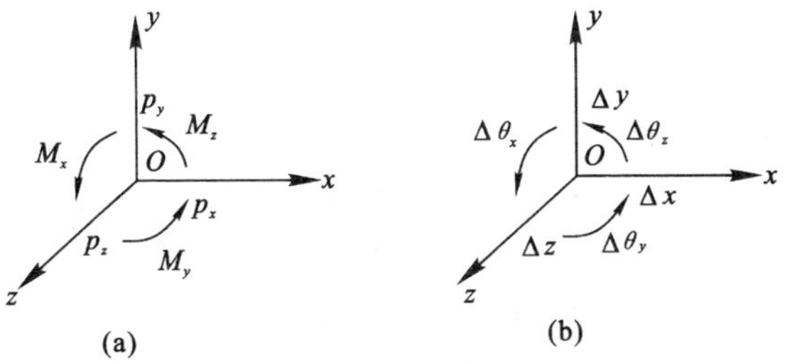

图 1-3　力和位移矢量的符号规定

(a) 力、力矩的正向；(b) 线位移、角位移的正向

力和位移矢量沿坐标轴方向的分量，与坐标轴正向一致时为正，反之为负。

力矩和角位移矢量沿坐标轴方向的分量，与坐标轴正向一致时为正，反之为负。

1.2.1.2　作用力计算的基本方法

对于图 1-1 所示的计算系统，建立坐标系 $Oxyz$(图 1-4)。对于具有两个固定端点的单支管系，有 6 个多余的约束，需要补充 6 个变形协调方程。

应用 Castigliano 第二定理，可以建立一个弹性系统的外力与变形间的关系。为此，需先确定系统的变形能，其一般表达式为

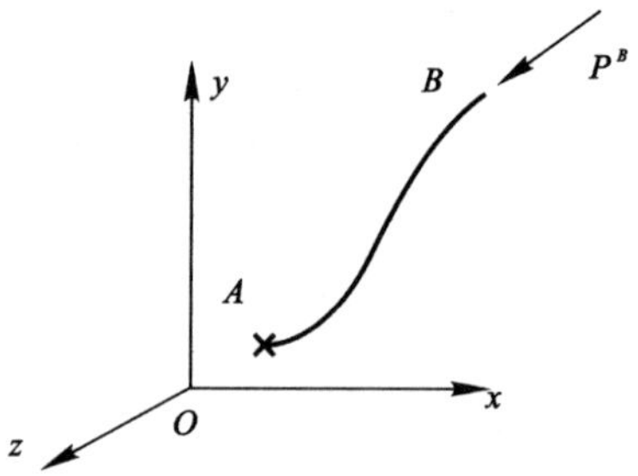

图 1-4　计算系统和坐标系

$$U=\frac{1}{2}\int\frac{N^2}{EJ}\mathrm{d}l+\frac{1}{2}\int\frac{k_pM_b^2}{EJ}\mathrm{d}l+\frac{1}{2}\int\frac{\alpha V^2}{GA}\mathrm{d}l+\frac{1}{2}\int\frac{M_T^2}{GJ_p}\mathrm{d}l \tag{1-1}$$

式中：N 代表轴向力，V 代表剪切力；M_b 和 M_T 分别代表弯矩和扭矩；E 为材料的弹性模量，G 为材料的剪切弹性模量；J 为管子的截面惯性矩，J_p 为管子的截面极惯性矩；k_p 为弯管的柔性系数，对于直管，$k_p=1$；A 为管子的截面面积；α 为剪切系数。

对于一般管系来说，可以忽略由于拉压和剪切引起的变形能，方程(1-1)于是变成：

$$U=\frac{1}{2}\int\frac{k_pM_b^2}{EJ}\mathrm{d}l+\frac{1}{2}\int\frac{M_T^2}{GJ_p}\mathrm{d}l \tag{1-2}$$

根据 Castigliano 第二定理，可以求得系统上某一外力 P 的作用点处沿 p 力方向的线性位移为

$$\Delta_P=\frac{\partial U}{\partial P}=\int\frac{k_pM_b}{EJ}\frac{\partial M_b}{\partial P}\mathrm{d}l+\int\frac{M_T}{GJ_p}\frac{\partial M_T}{\partial P}\mathrm{d}l \tag{1-3}$$

同理可求得系统上某力矩 M 的作用点处沿 M 力矩方向的角位移为

$$\Delta\theta_M=\frac{\partial U}{\partial M}=\int\frac{k_pM_b}{EJ}\frac{\partial M_b}{\partial M}\mathrm{d}l+\int\frac{M_T}{GJ_p}\frac{\partial M_T}{\partial M}\mathrm{d}l \tag{1-4}$$

对于图 1-4 所示的单支管道系统，假定系统上作用有集中载荷、均布载荷以及热胀和冷拉等位移载荷，为了求解释放端 B 端的作用力 P^B，可以先求出管系上各点的弯矩和扭矩，然后借式(1-

2)计算系统的变形能，由式(1-3)和式(1-4)计算 B 端的位移和转角，并根据 B 端的约束条件建立补充的变形协调方程，最后求得作用力 P^B。

上述方法同样也适用于多分支管路系统，但是由于管系的复杂性，用上述方法求解是非常繁琐的，特别是对于多分支管路系统，以及管系中有若干支吊架的情况，计算工作量就更大。同时由于计算系统选择的不确定性，编制程序用计算机计算也很困难。为了解决这一问题，人们研制了几种简单的计算方法，其中以弹性中心法为代表。

1.2.1.3 弹性中心法的基本原理

弹性中心法是力法的一种简化方法。在力法的基础上，弹性中心法假定计算管系是一根无重量的弹性线，即不考虑自重和中间支吊架的约束对管系的影响，同时还假定端点的角位移必须为零。

如图 1-5 所示，管系 AB 在热膨胀约束力的作用下，B 端的复

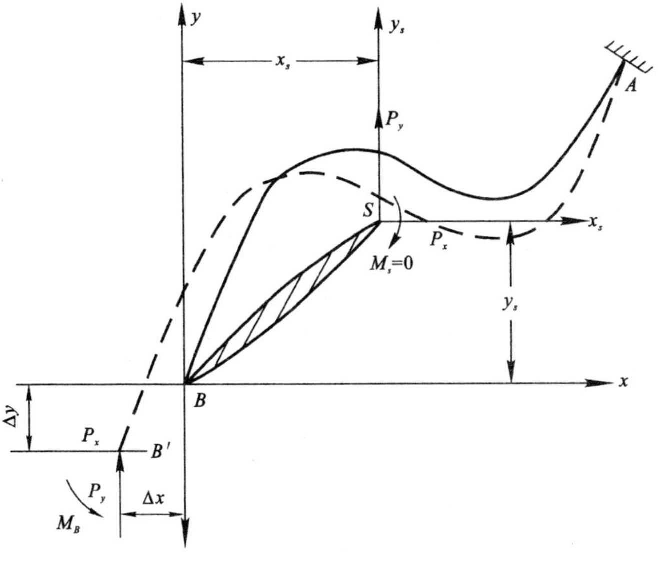

图 1-5 弹性中心法原理图

原力为 P_x,P_y,力矩为 M_B,按照力的传递,可以将 P_x,P_y,M_B 移到管系 AB 的弹性中心,而将弹性中心与假定的释放端 B 用刚臂联结,在弹性中心处作用力矩为零。由于刚臂本身不变形,而且 B 点的角位移为零,这样,弹性中心与释放端之间没有相对的线位移和角位移,因此弹性中心处的转角也为零。这样在求解弹性中心处的作用力的方程中,将没有力矩和转角项,从而使方程组及其计算得以简化。

下面给出图 1-6 所示的立体管系的弹性中心法的计算公式。

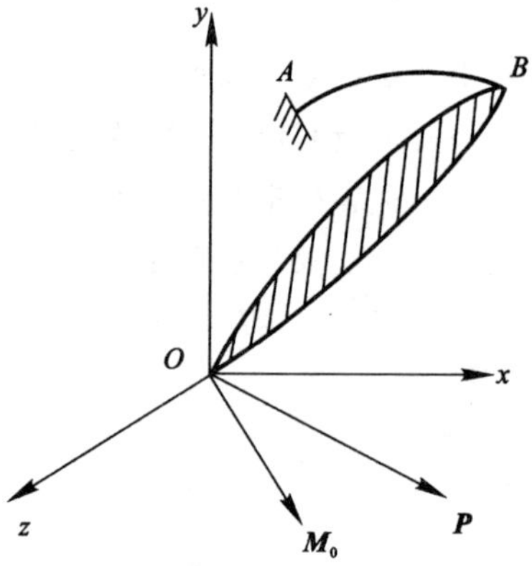

图 1-6　弹性中心法计算原理图

计算管系 AB,在坐标系原点作用有复原力

$$\boldsymbol{P} = P_x\boldsymbol{i} + P_y\boldsymbol{j} + P_z\boldsymbol{k} \tag{1-5}$$

$$\boldsymbol{M}_0 = M_x\boldsymbol{i} + M_y\boldsymbol{j} + M_z\boldsymbol{k} \tag{1-6}$$

根据力的传递原理,管系上任一点 $P(x,y,z)$ 处的力矩表达式为

$$\begin{aligned}\boldsymbol{M}_0 &= \boldsymbol{M}_0 - \boldsymbol{r} \times \boldsymbol{P} = \\ &(M_x + P_y z - P_z y)\boldsymbol{i} + (M_y + P_z x - P_x z)\boldsymbol{j} + \\ &(M_z + P_x y - P_y x)\boldsymbol{k}\end{aligned} \tag{1-7}$$

根据 Castigliano 第二定理求出 O 点变形的表示式为

$$\Delta\theta_X=\frac{1}{EJ}(M_xl+P_yS_y^x-P_zS_z^x) \tag{1-8}$$

$$\Delta\theta_Y=\frac{1}{EJ}(M_yl+P_zS_z^y-P_xS_x^y) \tag{1-9}$$

$$\Delta\theta_Z=\frac{1}{EJ}(M_zl+P_xS_x^z-P_yS_y^z) \tag{1-10}$$

$$\Delta X=\frac{1}{EJ}(P_xI_{xx}-P_yI_{xy}-P_zI_{xz}+M_zS_x^z-M_yS_x^y) \tag{1-11}$$

$$\Delta Y=\frac{1}{EJ}(-P_xI_{yx}+P_yI_{yy}-P_zI_{yz}+M_xS_y^x-M_zS_y^z) \tag{1-12}$$

$$\Delta Z=\frac{1}{EJ}(-P_xI_{zx}-P_yI_{zy}+P_zI_{zz}+M_yS_z^y-M_xS_z^x) \tag{1-13}$$

其中：I_{ij}为管系在坐标系中的线惯性矩和惯性积；

S_i^j 为管系对坐标轴的静力矩，下角标 i 系指对哪个轴，上角标 j 系指在哪个投影面上。

如果将坐标原点移到 $S_x^y,S_x^z,S_y^z,S_y^x,S_z^x,S_z^y$ 均为零的弹性中心处，由于管系端点的角位移 $\Delta\theta_x,\Delta\theta_y,\Delta\theta_z$ 为零，故而弹性中心处的力矩 M_x,M_y,M_z 等于零，于是上述 6 个方程变成：

$$\begin{cases}\Delta\theta_x=\dfrac{1}{EJ}(P_xI_{xx}-P_yI_{xy}-P_zI_{xz})\\ \Delta\theta_y=\dfrac{1}{EJ}(-P_xI_{yx}+P_yI_{yy}-P_zI_{yz})\\ \Delta\theta_z=\dfrac{1}{EJ}(-P_xI_{zx}-P_yI_{zy}+P_zI_{zz})\end{cases} \tag{1-14}$$

简记为

$$\begin{bmatrix}\Delta x\\ \Delta y\\ \Delta z\end{bmatrix}=\frac{1}{EJ}\begin{bmatrix}I_{xx} & -I_{xy} & -I_{xz}\\ -I_{yx} & I_{yy} & -I_{yz}\\ -I_{zx} & -I_{zy} & I_{zz}\end{bmatrix}\begin{bmatrix}P_x\\ P_y\\ P_z\end{bmatrix} \tag{1-15}$$

弹性中心法应用比较简便，对于具有两个固定点的平面管系，可以从三元联立方程简化成二元联立方程求解，对于具有两个固定点的立体管系，可以从六元联立方程简化成三元联立方程求解，因而可以使计算简便，具有一定的实用价值。但是由于简化的假定，使这种方法的应用范围受到一定的限制，对于有外载(包括考虑自重)的管系、多分支管系、端点有角位移的管系、具有中间约束的管系，利用弹性中心法就很困难。对于架空热力管道系统，由于支架的存在，更由于支架与管道间有摩擦力，应用弹性中心法求得的结果与实际情况有很大的差别。

1.2.1.4　补偿段长度法的基本思想

补偿段长度法是用于管道设计和验算的一种简便算法，其计算基础是弹性中心法。由于考虑到管道补偿器的直管段受导向支架和摩擦阻力的影响，使弹性中心法的使用受到限制，因此，对于不同的补偿器规定了不同的补偿段长度作为自由臂长，利用弹性中心法来进行验算。补偿段长度一般规定如下：

a. 对于方形补偿器，补偿段长度 l 可近似取为 $40D_g$ 值或 $32D_g$ 值(D_g 为管子的公称直径，m)。

b. 对于自然补偿的L形管系，其补偿段长度一般不大于20～25 m。

利用补偿段长度法进行管系的弹性和强度计算，对于方形补偿器，把自由臂长取为 $40D_g$ 或 $32D_g$，对于L型管系，自由臂长不大于20～25 m，按弹性中心法进行计算，因而使用方便，计算简便，并且也考虑了管路中间约束和管子与支架间摩擦阻力的影响。但由于简化和方法本身缺陷的限制，这个方法的计算结果不能较好地反映实际情况，特别是对于管道系统计算和用于分析复杂的管系，补偿段长度法的使用就更为困难。

1.2.2　管系结构分析的矩阵方法

前述管系作用力计算的手算方法，即使对于简单的管道系统，其计算工作量也是相当大的。随着电子计算机的出现和矩阵理论在结构力学中的应用，人们也用结构矩阵分析的方法来计算复杂的管系。

结构矩阵分析的基本方法是矩阵力法和矩阵位移法，因而对于管系结构分析，也有力法和位移法之分。

1.2.2.1 力和位移关系的矩阵表示

对于图 1-4 所示的计算系统和坐标系，A 端固定，B 端自由，在 B 端施加作用力 $\boldsymbol{P}^B=(P_1 \quad P_2 \quad P_3 \quad P_4 \quad P_5 \quad P_6)^{\mathrm{T}}$，则根据结构分析理论，$B$ 端作用力 $\boldsymbol{P}^B$ 与 B 端位移

$$\boldsymbol{D}^B=(D_1 \quad D_2 \quad D_3 \quad D_4 \quad D_5 \quad D_6)^{\mathrm{T}}$$

之间有以下关系：

$$\boldsymbol{f}\boldsymbol{P}^B = \boldsymbol{D}^B \tag{1-16}$$

式中，$\boldsymbol{f}$ 为结构柔度矩阵，或

$$\boldsymbol{K}\boldsymbol{D}^B = \boldsymbol{P}^B \tag{1-17}$$

式中，$\boldsymbol{K}$ 为结构刚度矩阵。

式(1-16)为结构力法的基本方程，式(1-17)为结构位移法的基本方程。对于复杂的管道系统，由于约束复杂，受载情况复杂，上述基本方程也要进行相应的处理。

1.2.2.2 管系结构矩阵分析的特点

结构矩阵分析的一般方法原则上都能用于分析管道系统，但在实际分析计算时，还应结合管系结构的特点，采用一些特殊的处理方法。综合起来，管系结构主要有以下特点：

a. 管系由直管、弯管、中间支吊架和其他约束组成，一般可按杆系结构分析。但对于弯管，必须考虑弯管柔性。

b. 管系的载荷主要是热胀和自重，管系位移主要由热胀产生，管系的强度校核主要以热应力验算为主。

c. 管系的支架等约束特点明显，便于在程序中进行系统处理。

d. 管系结构中的一些特殊元件，例如球形补偿器等，必须进

行特殊处理。

e. 管系中支架与管道间摩擦力的存在，使得系统结构分析成为非线性的，需要寻求有效的迭代解法。

考虑到管系结构的特点，人们在进行管系结构分析时，发展了一些专用于计算管道系统的结构分析方法和程序，如等值刚度法、有限单元法等。

1.2.2.3 等值刚度法的基本原理

等值刚度法是用于计算树状管系的实用算法。等值刚度法计算树枝状多分支管系时，除管道分支外，对支吊架亦视作一个无热膨胀和重量的但具有一定刚度的分支，因之整个管系就构成一个复杂的树状结构(图 1-7)。相邻岔点之间或岔点与端点之间称为一个分支，管道分支又由直元件或弧元件所组成。

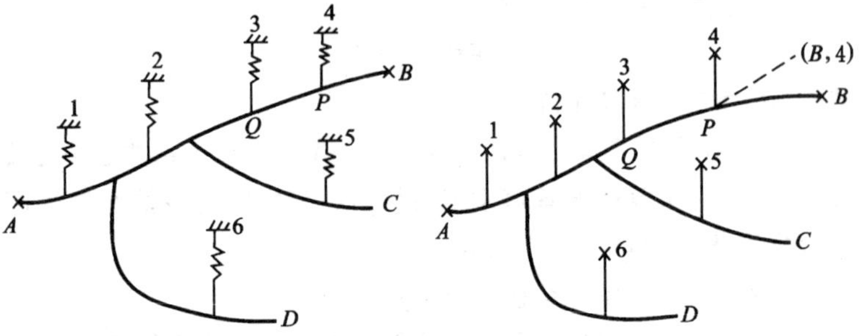

图 1-7 相当的树枝状结构

在图 1-7 所示管系中，取任一管端 A 为始端，其余管端 B、C、D 为末端，自任一末端开始(例如 B)将相邻支岔分支(例如管道分支 $P—B$ 及支吊架分支 $P—4$)合并成($P—B4$)分支(虚线所示)，其刚度等于($P—B$)分支与($P—4$)分支刚度的总和，其始端(P 点)位移与真实岔点的位移相等，因此，合成分支($P—B4$)与真实分支等价。将($P—B4$)分支与($P—Q$)分支串联相加，就构成与原三岔管($QP—PB—P4$)等值的($Q—B4$)分支，按此逐岔往前合并，最终将整个树状管系在始端处合成为一个等值的单支管道，在求得此等值单支管道的始端作用力后，再往回逐岔分解并计算各岔点的位移及各分支的作用力，这样就能解得管系各点的力和位移。

1.2.2.4 有限单元法在管系结构分析中的应用

由于管系结构可以看成是由一些直管和弯管组成的杆系结构，应用有限单元法进行分析计算是比较方便的。对于任意复杂的管道系统，都能用有限单元法容易地得到结果，只是在用有限单元法进行管系结构分析时，必须充分考虑到管系结构的特点。正如有限单元法在其他若干领域内得到广泛应用一样，在管系结构分析中的应用也越来越广泛、越深入。在杆件单元的基础上发展了直管单元和弯管单元，在一些大型的结构分析程序包（如 SAP5 等）中可以直接用于计算管道系统。

尽管等值刚度法和有限单元法等可以用于管系的结构分析，对于复杂的管系也可以进行系统分析计算，其通用程序和专用程序也在工程实际中得到应用，但由于这些方法和程序用于分析架空热力管道系统时，都没有考虑支架与管道间的摩擦力的影响因素，因而与实际情况不能较好地符合。同时，若不考虑支架摩擦力，这些方法透用于大系统管系的结构分析时将得到比实际大得多的热胀位移，于是当用这些方法的计算结果作为设计依据时，必然要给管系增加若干不必要的限制，这样不但造成浪费，同时也失去了系统分析的意义。

§1.3　管道应力分析的一些基础问题

为了今后的讨论方便,需要对管道应力分析的一些基础问题进行总结和补充分析。

1.3.1　直管的内压应力

设有内半径 a、外半径为 b 的直管,受内压 p 作用(图 1-8)。则

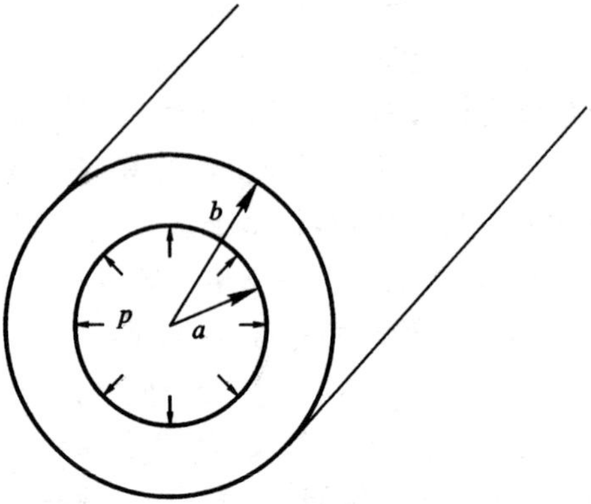

图 1-8

由弹性理论可知,在管子截面上的内压径向应力和环向应力分别为

$$\sigma_r = -\frac{(\frac{b^2}{r^2}) - 1}{(\frac{b^2}{a^2}) - 1} \cdot p \qquad (1\text{-}18)$$

$$\sigma_t = -\frac{(\frac{b^2}{r^2}) + 1}{(\frac{b^2}{a^2}) - 1} \cdot p \tag{1-19}$$

在管子内壁上($r=a$),

$$\sigma_r|_{r=a} = -p, \quad \sigma_t|_{r=a} = \frac{b^2+a^2}{b^2-a^2}p$$

在管子外壁上($r=b$),

$$\sigma_r|_{r=b} = 0, \quad \sigma_t|_{r=b} = \frac{2a^2}{b^2-a^2}p$$

记 $\bar{r} = \frac{a+b}{2}$ 为管子的平均半径,$d=2\bar{r}$ 为管子的平均直径,$t=b-a$ 为管子壁厚,则对于薄壁管道,由于 $t/d \ll 1$,则可求得管子截面上的内压平均径向应力和平均环向应力为

$$\bar{\sigma}_r = \frac{\int_a^b \sigma_r \mathrm{d}r}{t} = -\frac{a}{b+a} \approx -\frac{p}{2} \tag{1-20}$$

$$\bar{\sigma}_t = \frac{\int_a^b \sigma_t \mathrm{d}r}{t} = -\frac{ap}{t} \approx \frac{pd}{2t} \tag{1-21}$$

1.3.2 薄壁弯管的内压应力

设有平均半径 $\bar{r}$、厚度 t 的弯管,受内压 p 作用,弯管中心线的曲率半径为 R(见图 1-9)。

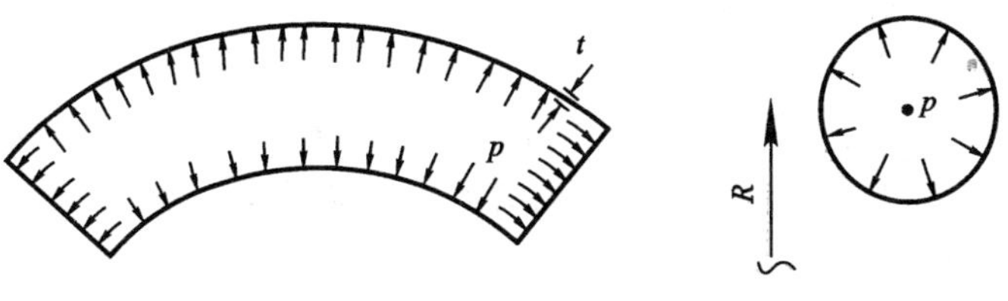

图 1-9 弯管受内压作用

取夹角为 $d\theta$ 的弯管连同其中的高压气体做为隔离体。两端截面上的受力情况为：相邻截面上管道中的气体压力 p 和截面上的轴向应力 σ_a（见图 1-10）。对于一般的油气输送管线，由于 $t/r \ll 1$，因此可以忽略由于直管的连缘效应在弯管上引起的弯曲应力，而假设在弯管两端截面上轴向应力均匀分布。由力的平衡原理可得：

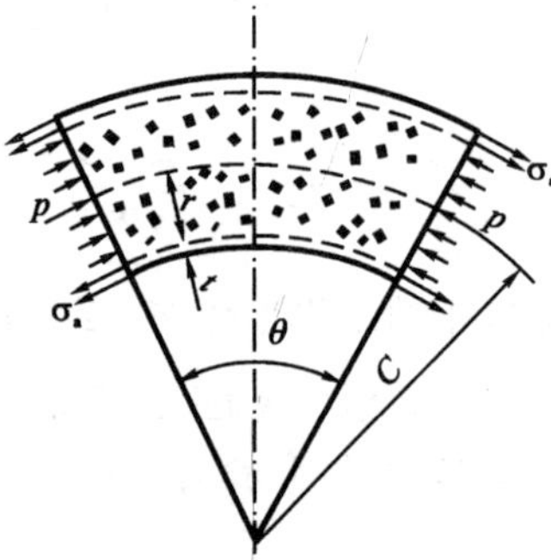

图 1-10　弯管的内压轴向应力

$$2p\pi r^2 \sin\frac{d\theta}{2} = 2\sigma_a \cdot 2\pi \bar{r} t \cdot \sin\frac{d\theta}{2}$$

即有

$$\sigma_a = \frac{\overline{pr}}{2t} \approx \frac{pd}{4t} \tag{1-22}$$

式中：r 为弯管的内半径，弯管的横截面积 $=\pi[(r+t)^2 - r^2] = \pi(2rt + t^2) \approx 2\pi\bar{r}t$。

为了确定弯管的环向应力，取夹角为 $d\theta$ 的微弯段的一部分进行受力分析（见图 1-11）。

由于薄壁，假定环向应力沿壁厚均匀分布，令 $\sigma_{t\varphi}$ 代表 φ 截面上任一点的环向应力，则在 φ 截面上整个微弯段环向应力 $\sigma_{t\varphi}$ 的合力 F_φ 为

$$F_\varphi = (\sigma_{t\varphi} t)(R + r\sin\varphi)d\theta$$

根据受力平衡，可写出各力在 x 轴上的投影方程为

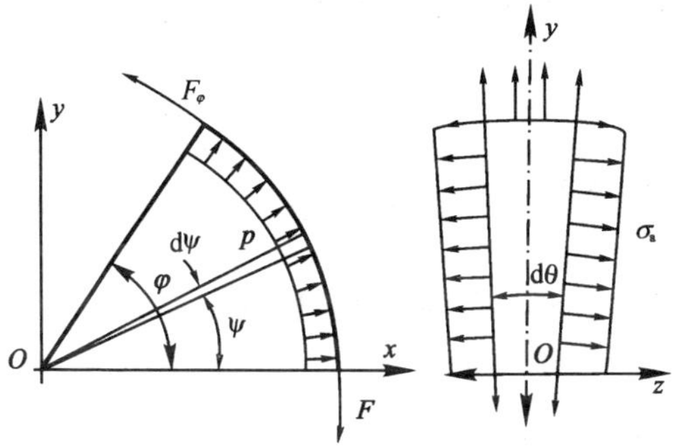

图 1-11　弯管的内压环向应力

$$F_{\varphi} \cdot \sin\varphi - \left[\int_0^{\varphi}(pr\mathrm{d}\psi)\cos\psi(R + r\sin\psi)\right]\mathrm{d}\theta = 0$$

即

$$\sigma_{t\varphi}(R + r\sin\varphi)t\sin\varphi - p\int_0^{\varphi} r(R + r\sin\psi)\cos\psi\mathrm{d}\psi = 0$$

由此求得

$$\sigma_{t\varphi} = \frac{pr}{t}\frac{2R + r\sin\varphi}{2(R + r\sin\varphi)} \tag{1-23}$$

式(1-23)称为环管公式。

当 $\varphi = 0°$ 或 $\varphi = 180°$ 时，环向应力为

$$\sigma_t = \frac{pr}{t} = \frac{pd}{2t}$$

与直管受内压时的环向应力一致。

在弯管的外凸点，即 $\varphi = 90°$ 处，环向应力为

$$\sigma_{t1} = \frac{pr}{t} \cdot \frac{2R + r}{2(R + r)} \tag{1-24}$$

在弯管内凹点，即 $\varphi = -90°$ 处，环向应力为

$$\sigma_{t2} = \frac{pr}{t} \cdot \frac{2R - r}{2(R - r)} \tag{1-25}$$

由以上分析容易看出，在弯管的内凹点环向应力为最大，它与

直管的内压环向应力的比值称为在内压作用下弯管的应力增强系数，即有

$$m = \frac{\sigma_{t2}}{\sigma_t}D = \frac{2R - r}{2(R - r)} = \frac{(\frac{2R}{r}) - 1}{2[(\frac{R}{r}) - 1]} \tag{1-26}$$

显然，当 R/r 增大时，m 值减小，可见，增加弯管的曲率半径可以降低弯管的内压环向应力。

1.3.3　弯管的柔性系数

直管受弯矩作用时，一般假定中心轴与管子的对称轴相重合，截面上各点的弯曲应力与距中性轴的距离成比例。但这一假定对于受弯矩作用的弯管则不适用。因为管道在受弯矩作用时，使弯管外侧拉伸，内侧压缩，弯管截面产生扁平效应（见图 1-12），结果使

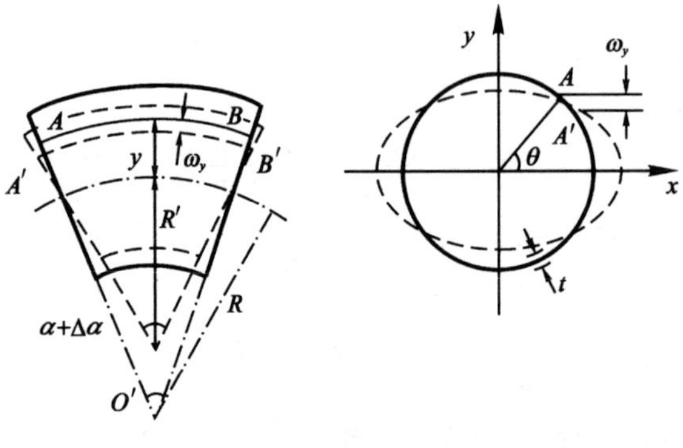

图 1-12　管弧弯曲的截面变形

弯管的刚性降低，柔性增大。通常用柔性系数来表示这个特性，它的数值等于在相同的变形条件下，按一般弯曲理论求出的弯矩与考虑了截面扁平效应时求出的弯矩之比值。工程上一般采用的弯管的柔性系数的表达式为

$$k = \frac{1.65}{\lambda} \tag{1-27}$$

式中：k 为弯管的柔性系数；λ 为管的尺寸参数。

$$\lambda = \frac{Rt}{r^2} \tag{1-28}$$

当 $k<1$ 时，取 $k=1$。

当考虑内压影响时，由于内压作用会使弯管的椭圆度减小，柔性有所降低，柔性系数 k_p 为

$$k_p = \frac{1}{1 + \frac{6pr}{Et}\left(\frac{r}{t}\right)^{4/3}\left(\frac{R}{r}\right)^{1/3}} \tag{1-29}$$

其中，E 为材料的弹性模量；r 为管子的平均半径；p 为管道内压；t 为管子壁厚；R 为弯头的曲率半径。

1.3.4 弯管的弯曲应力系数

弯管和直管受到同样大小的弯矩后，所产生的最大应力之比称为弯管的弯曲应力系数。

弯管的弯曲应力系数分为纵向弯曲应力系数和环向弯曲应力系数。根据弯管应力试验结果，中小直径（ϕ600 mm 以下）的环向应力的影响是局部的，它不影响弯管的极限负载能力。因此，在计算弯管应力时，一般只考虑纵向弯曲应力系数。对于薄壁大直径弯管，则需要考虑环向弯曲应力系数。

按 ANSI B31.3—1980 中的规定，对于焊接弯头或弯管，其纵向弯曲应力系数 β_L 如下。

对于平面弯曲：

$$\beta_{Li} = \frac{0.9}{\lambda^{2/3}}$$

对于非平面弯曲：

$$\beta_{Lo} = \frac{0.75}{\lambda^{2/3}}$$

对于工程计算，这两个公式具有足够的准确性。为了简化起见，并取偏于保守的估计，不论是平面弯曲还是非平面弯曲，其弯曲应力系数均取为

$$\beta_{L} = \frac{0.9}{\lambda^{2/3}} \tag{1-30}$$

当需要考虑环向弯曲应力系数时，环向弯曲应力系数的近似公式如下。

在弯头外皮：

$$\beta_{q} = 1.80\left[1 - \left(\frac{r}{R}\right)^{2}\right]\left(\frac{1}{\lambda}\right)^{2/3} \tag{1-31}$$

在弯头内皮：

$$\beta_{q} = 1.80\left[1 + \left(\frac{r}{R}\right)^{2}\right]\left(\frac{1}{\lambda}\right)^{2/3)} \tag{1-32}$$

1.3.5　管道内压对位移的影响

工程中一般把管系按杆件系统结构分析。由于管系一般受内压作用，需要考虑由于内压引起的位移效应，为此，考虑一段长 dl 的直管受内压 p 作用(见图 1-13)。根据前面的讨论，管子任一点的环向应力为 $\sigma_{t} \approx \frac{pd}{2t}$，轴向应力为 $\sigma_{a} \approx \frac{pd}{4t}$，则直管的轴向应变为

$$\varepsilon_{a} = \frac{1}{E}(\sigma_{a} - \nu\sigma_{t}) \approx \frac{1}{E} \cdot \frac{pd}{4t}(1 - 2\nu) \tag{1-33}$$

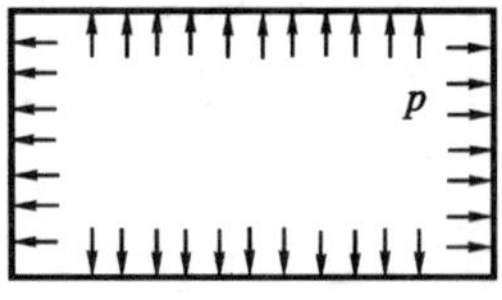

图 1-13　直管受内压作用

长为 dl 的直管段受内压 p 引起的轴向位移为

$$\delta_{ap} = \varepsilon_a \cdot \mathrm{d}l = \frac{1}{E} \cdot \frac{pd}{4t}(1-2\nu)\mathrm{d}l$$

在进行管系的热胀分析时，可以把内压引起的位移看成为附加的温度变化。根据热胀位移分析，长为 dl 的直管段受到升温 ΔT 后的热伸长为

$$\delta_{at} = \Delta T \cdot \alpha \cdot \mathrm{d}l$$

令 $\delta_{ap}=\delta_{at}$，便可得到该附加的温度变化量为

$$\Delta T = \frac{1-2\nu}{E\alpha} \cdot \frac{pd}{4t} \tag{1-34}$$

此结论对弯管也近似适用。

1.3.6　弯头的力学简化模型

如果在管道系统结构中，弯头的长度与直管长度相比很小，即管系中直管段较长，弯头弧长较短时，则弯头各截面的内力变化不大，因而在分析时可将弯头的几何尺寸略去不计，只保留它的抗弯柔性，将弯头简化为能够传递弯矩的铰链模型，即称之为"弹性抗弯铰"，如图 1-14 所示。设弹性抗弯铰传递的弯矩为 M，在 M 作用下抗弯铰夹角变化为 $\Delta\varphi$，则 M 和 $\Delta\varphi$ 应是线性关系，记为

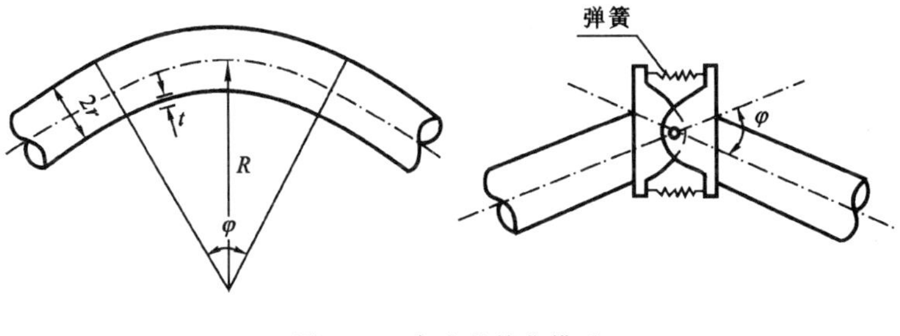

图 1-14　弯头的简化模型

$$M=K \cdot \Delta\varphi \tag{1-35}$$

式中，K 为抗弯铰的抗弯刚度。

为了确定 K，考虑曲率半径 R，夹角 φ 的弯头，当弧长较短时，认为弯头各截面受相同的弯矩作用。取 $\mathrm{d}l$ 长的弯管分析，当受到弯矩 M 作用时，微弯管近似当做直管处理，但要考虑弯管的柔性系数，于是，$\mathrm{d}l$ 的弯管的夹角变化为

$$\mathrm{d}(\Delta\varphi)=\frac{kM}{EJ}\mathrm{d}l$$

整个管弧的夹角变化量为

$$\Delta\varphi=\frac{kM}{EJ}R\varphi \tag{1-36}$$

比较式(1-35)和式(1-36)，可知弹性抗弯铰的抗弯刚度为

$$K=\frac{EJ}{kR\varphi} \tag{1-37}$$

式中，k 为弯头的柔性系数。

根据前面的讨论，代入 $k=1.65/\lambda$，$\lambda=Rt/r^2$，$J\approx\pi r^3 t$，则式(1-37)成为

$$K=\frac{E\pi rt^2}{1.65\varphi} \tag{1-38}$$

当考虑内压影响时，有

$$K=\frac{E\pi rt^2}{1.65\varphi}\left[1+\frac{6pr}{Et}\left(\frac{r}{t}\right)^{4/3}\left(\frac{R}{r}\right)^{1/3}\right]$$

第二章

架空热力管道非线性位移计算的解析法

本章提要

变弹簧系数迭代法是一种用于分析计算架空热力管道系统的热胀位移和内力的新方法。它考虑了管道支架与管道间摩擦力对热胀位移的影响，通过近似迭代分析求解考虑支架摩擦力时架空热力管道系统的热胀位移和内力，比较准确地反映了管道的实际情况。本章通过对几种简单而又常见的架空热力管道系统的分析，论述了变弹簧系数迭代法的基本原理和分析方法，并给出了相应的计算机程序。

§2.1 引　　言

在分析计算架空热力管道系统的热胀位移和内力时，传统的分析方法一般都不考虑存在于管道与支架间的摩擦力的影响。变弹簧系数迭代法考虑了支架摩擦力对热胀位移的影响因素，把支架摩擦力分量看成是管道位移分量的函数，建立非线性位移方程，通过迭代求解管系的热胀位移、内力和支架处的摩擦力。本章通过对架空热力管道系统中常见的水平面内"L"形和"U"形管系热胀问题的分析，论述了变弹簧系数迭代法求解考虑支架摩擦力时管道热胀位移和内力的基本原理和分析方法。由于方程的复杂性，把水平面内对称的和不对称的"L"形和"U"形架空热力管道的热胀位移和支架摩擦力的计算编制了计算机程序，借助于计算机求算。对于在两个固定支架之间的其他形式的架空热力管道系统，可以按类似的方法处理。

§2.2 变弹簧系数迭代法的基本原理

架空热力管道系统在受热膨胀时，由于管道和支架间存在摩擦力，而摩擦力是被动力，其大小和方向都是待定量，所以不能直接求解管系的热胀位移和应力。为了解决这一问题，需要建立支架摩擦力与管道位移间的相互关系，通过迭代方法求得问题的解。

2.2.1 摩擦约束的处理与管路简化

在架空热力管道系统中，管道与滑动支架顶面间的接触，一般为钢材平面与钢材平面或钢材平面与钢材柱面之间的接触，接触面比较光滑，摩擦力比较小，在管道热胀过程中各接触点都有相对位移。根据这一性质，同时考虑到管系中弯头尺寸与直管尺寸相比很小的特点，我们做出以下假定：

a. 全部支架都在同一水平面内，每个支架处，管道只有一个点受到支架顶面的摩擦约束，该点支架的压力始终沿铅垂方向，大小只与管道自重及支架位置有关，而与管温无关，可按一般的结构分析方法求得。同时，在计算支架反力时，略去各支架本身的变形对支架反力计算的影响。

b. 管道上各个约束点所受到的摩擦力，其大小等于各点正压力与最大静摩擦系数的乘积，其方向与该点的位移方向相反。

c. 弯头用“弹性抗弯铰”代替，位于两侧直管轴线的交点上，如图 2-1 所示。

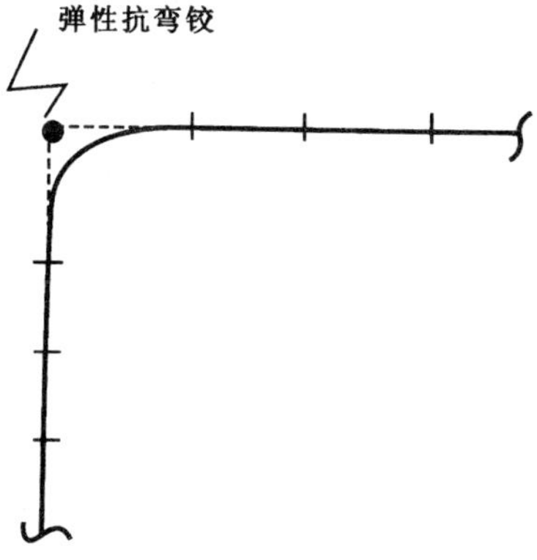

图 2-1 弯头的简化处理

2.2.2 变弹簧系数迭代法的基本原理

根据前面的假定b，把支架摩擦力与管道的热胀位移相关联。于是，管道的热胀位移要受到支架摩擦力的影响，而支架摩擦力又与作用点的位移方向有关，这样，直接求解管道的热胀位移就很困难。为此，提出了以下“变弹簧系数迭代法”，逼近求解管道的热胀位移和支架摩擦力分量。

设以 f 代表某滑动支架作用给管道的摩擦力值，以 q 和 p 分别代表此摩擦力沿管道轴向及横向的分量，同时以 u 和 v 分别代表管道在摩擦约束点处沿轴向和横向的位移分量，设令

$$\zeta = \frac{f}{(u^2 + v^2)^{1/2}} \tag{2-1}$$

则由假定b有

$$\begin{cases} q = -\zeta u \\ p = -\zeta v \end{cases} \tag{2-2}$$

方程(2-2)建立了摩擦力分量与位移分量间的非线性关系。因此，考虑支架摩擦力时架空热力管道系统的热胀位移分析是非线性问题。如果我们将 ζ 视为弹性系数，则摩擦约束按式(2-2)所示，可以视为一种弹性约束，只是此处的弹簧系数 ζ 为待定变量。如果我们给 ζ 以适当的零次近似值，则摩擦约束下的非线性问题可以转化为弹性约束下的线性问题，求得一次近似解后，再由(2-1)式确定 ζ 的一次近似值，循环迭代，便可逐步逼近摩擦约束下非线性问题的准确解。

§2.3 水平对称“L”形管道的热胀分析与计算

设有水平对称“L”形架空管道如图 2-2(a)所示。每臂上具有 n 个滑动支架,两端固定。管道的结构尺寸、单长重量及材料性质等均为已知,管道由安装温度均匀升高 T℃,计算管道的热胀位移和支架处的摩擦力。

用弹性抗弯铰代替弯头,利用对称性,可以只对一臂进行分析,受力分析图如图 2-2(b)所示。

2.3.1 基本方程的导出

把管系按空间梁结构分析,并且满足材料线弹性和小变形的基本假设。根据图 2-2(b)所示的坐标系、支架编号及受力分析,同时规定内力及摩擦力分量以图中所示方向为正,除轴向位移 u 外,规定位移分量与坐标轴正向一致时为正,轴向位移 u 与 x 轴正向相反时为正。则根据材料力学的基本公式,可得到管道弯头处与支架处的位移表示式如下。

a. 弯头处的位移和转角:

$$u_0 = (\alpha T - \frac{X_0}{EF})L - \frac{1}{EF}\sum_{j=1}^{n} q_j (L - x_j) \tag{2-3}$$

$$v_0 = \frac{Y_0 L^3}{3EJ} - \frac{M_Z L^2}{2EJ} - \sum_{j=1}^{n} \frac{p_j (L - x_j)^2}{6EJ}[3L - (L - x_j)] \tag{2-4}$$

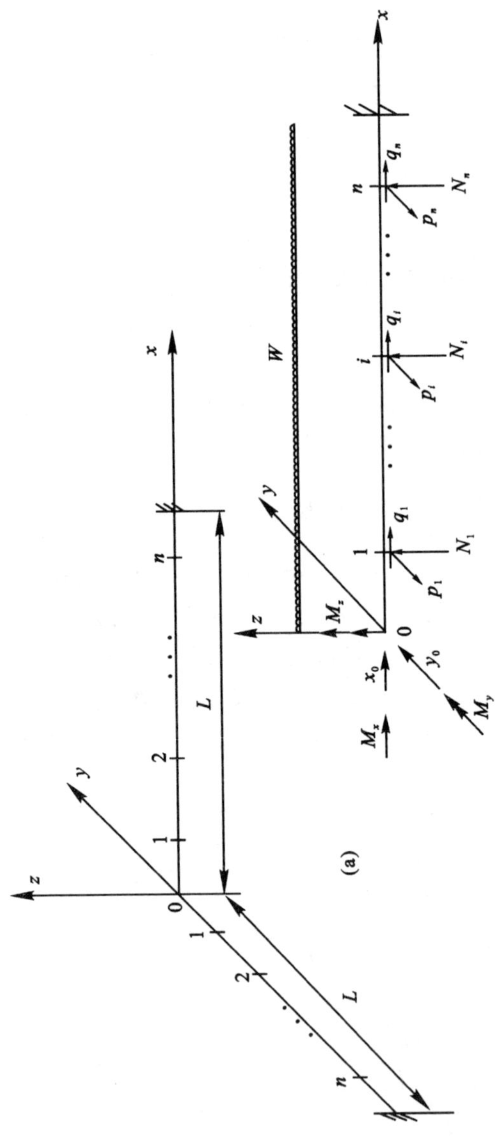

图2-2　水平对称“L”形管道结构及受力分析图

$$w_0 = \frac{M_y L^2}{2EJ} + \sum_{j=1}^{n} \frac{N_j (L - x_j)^2}{6EJ} [3L - (L - x_j)] - \frac{WL^4}{8EJ} \tag{2-5}$$

$$\theta_{Ox} = \frac{M_x L}{GJ_p} - \sum_{j=1}^{n} \frac{p_j (L - x_j) r}{GJ_p} \tag{2-6}$$

$$\theta_{Oy} = \frac{M_y L}{EJ} + \sum_{j=1}^{n} \frac{N_j (L - x_j)^2}{2EJ} - \frac{WL^3}{6EJ} \tag{2-7}$$

$$\theta_{Oz} = \frac{Y_0 L^2}{2EJ} + \frac{M_z L}{EJ} + \sum_{j=1}^{n} \frac{p_j (L - x_j)^2}{2EJ} \tag{2-8}$$

b. 在第 i 个支架处的位移分量($i=1,2,\cdots,n$)：

$$u_i = \left(\alpha T - \frac{X_0}{EF} - \frac{1}{EF}\sum_{j=1}^{i} q_j\right)(L - X_i) - \frac{1}{EF}\sum_{j=1}^{n} q_j (L - x_j) \tag{2-9}$$

$$v_i = \frac{Y_0 (L - x_i)^2}{6EJ}[3L - (L - x_i)] - \frac{M_z (L - x_i)^2}{2EJ} - \sum_{j=1}^{i-1} \frac{p_j (L - x_i)^2}{6EJ} [3(L - x_j) - (L - x_i)] - \frac{p_i (L - x_i)^3}{3EJ} - \sum_{j=i+1}^{n} \frac{p_j (L - x_i)^2}{6EJ} [3(L - x_i) - (L - x_j)] \tag{2-10}$$

$$w_i = \frac{M_y (L - x_i)^2}{2EJ} + \sum_{j=1}^{i-1} \frac{N_j (L - x_i)^2}{6EJ} \cdot [3(L - x_j) - (L - x_i)] + \frac{N_i (L - x_i)^3}{3EJ} +$$

$$\sum_{j=i+1}^{n}\frac{N_j(L-x_j)^2}{6EJ}[3(L-x_i)-(L-x_j)]-$$
$$\frac{W(L-x_i)^2}{24EJ}[(L-x_i)^2-4L(L-x_i)+6L^2] \tag{2-11}$$

根据前节的基本假设以及变弹簧系数迭代法的基本关系，同时考虑到对称条件，可以写出管道的变形协调条件和约束条件如下：

$$\begin{cases} u_O = v_O \\ \theta_{Ox} = \theta_{Oy} \\ \theta_{Oz} + \dfrac{M_z}{K} = 0 \end{cases} \tag{2-12}$$

$$\begin{cases} u_i = \dfrac{q_i}{\zeta_i} \\ v_i = \dfrac{p_i}{\zeta_i} \\ w_i = 0 \end{cases} \tag{2-13}$$

其中，K 为 45°弯头的抗弯刚度，

$$\zeta_i=\frac{\mu_i N_i}{(u_i^2+v_i^2)^{1/2}}$$

μ_i 为第 i 个支架处管道与支架间的摩擦系数。

由于对称，弯头处内力还存在以下关系：

$$\begin{cases} X_0 = Y_0 \\ M_x = - M_y \end{cases} \tag{2-14}$$

记弯头处内力为

$$N=X_0=Y_0$$

同时注意到

$$GJ_p = \frac{E}{2(1+\nu)}\cdot 2J = \frac{EJ}{1+\nu}$$

则可以从上述方程组和约束方程中进行管道热胀位移和内力的分析计算。

2.3.2 管道支架反力的求算

为了迭代计算管系的热胀位移和内力，首先要求算管道支架的反力。根据前述的方程(2-6)、(2-7)、(2-11)以及变形协调条件：

$$\theta_{Ox} = \theta_{Oy}$$

$$w_i = 0 \qquad (i = 1,2,\cdots,n)$$

经整理，并记 $\eta_i = 1 - x_i/L$，可得到以下方程：

$$\begin{aligned}&\sum_{j=1}^{i-1} N_j\left[\eta_i^2(3\eta_j - \eta_i) - \frac{3\eta_i^2\eta_j^2}{2(2+\nu)}\right] + \\ &N_i\left[2\eta_i^3 - \frac{3\eta_i^4}{2(2+\nu)}\right] + \\ &\sum_{j=i+1}^{n} N_j\left[\eta_j^2(3\eta_i - \eta_j) - \frac{3\eta_j^2\eta_i^2}{2(2+\nu)}\right] = \\ &\frac{WL}{4}\eta_i^2(\eta_i^2 - 4\eta_i + 6) - \\ &\frac{WL}{2}\cdot\frac{\eta_i^2}{2+\nu} + \frac{3\eta_i^2}{2+\nu}\sum_{j=1}^{n} p_j\eta_j\left(\frac{r}{L}\right)(1+\nu) \qquad (i = 1,2,\cdots,n)\end{aligned} \tag{2-15}$$

简记为

$$\sum_{j=1}^{n} a_{ij}N_j = b_i \qquad (i = 1,2,\cdots,n) \tag{2-16}$$

其中

$$a_{ij} = \begin{cases} \eta_i^2(3\eta_j - \eta_i) - \dfrac{3\eta_i^2\eta_j^2}{2(2+\nu)} & \text{当 } i > j \\ 2\eta_i^3 - \dfrac{3\eta_i^4}{2(2+\nu)} & \text{当 } i = j \\ \eta_j^2(3\eta_i - \eta_j) - \dfrac{3\eta_j^2\eta_i^2}{2(2+\nu)} & \text{当 } i < j \end{cases}$$

$$(i, j = 1,2,\cdots,n) \tag{2-17}$$

$$b_i=\frac{WL}{4}\eta_i^2\left[(\eta_i^2-4\eta_i+6)-\frac{2}{2(2+\nu)}\right]+$$
$$\frac{3\eta_i^2}{2+\nu}\left(\frac{r}{L}\right)(1+\nu)\sum_{j=1}^{n}p_j\eta_j \qquad (i=1,2,\cdots,n) \qquad (2\text{-}18)$$

在近似计算支架反力时，假定支架反力与管道热胀位移无关，于是式(2-18)中的摩擦力项可以忽略不计，这也可以从比值(r/L)的小量中得到，具体地说，也就是忽略了管道所受的支架的侧向摩擦力对管道扭转的影响。在今后的讨论中，除非特别说明，这个假设一直成立。

2.3.3　管道热胀位移与支架摩擦力的计算

在求得管系中各支架的反力后，分析管道在水平面内的热胀位移。

根据方程(2-3)、(2-4)、(2-8)、(2-9)和(2-10)以及变形协调条件

$$\begin{cases} u_0=v_0 \\ \theta_{Oz}=-\dfrac{M_Z}{K} \end{cases}$$

和摩擦约束条件

$$\begin{cases} u_i=\dfrac{q_i}{\zeta_i} \\ v_i=\dfrac{p_i}{\zeta_i} \end{cases} \qquad (i=1,2,\cdots,n)$$

可得到以下方程组：

$$\begin{cases} N-2\left(1+\dfrac{EJ}{KL}\right)\left(\dfrac{M_z}{L}\right)=\sum\limits_{j=1}^{n}p_j\eta_j^2 & \text{(2-19)} \\ N-\dfrac{3\left(1+\dfrac{2EJ}{KL}\right)}{1-c}\left(\dfrac{M_z}{L}\right)=\dfrac{c}{1-c}\sum\limits_{j=1}^{n}q_j\eta_j+ \\ \qquad\qquad \dfrac{1}{1-c}\sum\limits_{j=1}^{n}p_j\eta_j^3-\dfrac{6EJ\alpha T}{(1-c)L^2} & \text{(2-20)} \end{cases}$$

$$\begin{cases} u_i=\dfrac{L}{EF}\left\{\left[EF\alpha T-N-\sum\limits_{j=1}^{i}q_j\right]\eta_i-\sum\limits_{j=i+1}^{n}q_j\eta_j\right\} & \text{(2-21)} \\ v_i=\dfrac{L^3}{6EJ}\begin{cases} N\eta_i^2(3-\eta_i)-3\left(\dfrac{M_z}{L}\right)\eta_i^2- \\ \sum\limits_{j=1}^{i-1}p_j\eta_i^2(3\eta_j-\eta_i)- \\ 2p_i\eta_i^3-\sum\limits_{j=i+1}^{n}p_j\eta_j^2(3\eta_i-\eta_j) \end{cases} & \text{(2-22)} \end{cases}$$

其中，$c=\dfrac{6J}{L^2F}$，$(i=1,2,\cdots,n)$。

注意到

$$\begin{cases} q_i=u_i\zeta_i=f_i\dfrac{u_i}{(u_i^2+v_i^2)^{1/2}} \\ p_i=v_i\zeta_i=f_i\dfrac{v_i}{(u_i^2+v_i^2)^{1/2}} \end{cases}\qquad (i=1,2,\cdots,n)$$

显然，方程(2-21)、(2-22)为非线性方程，需要进行非线性迭代求解。

为了求解上述非线性方程组，我们先近似求出由于热胀而产生的轴向位移值，然后把近似的轴向位移 $u_i(i=1,2,\cdots,n)$ 作为已知值，代入方程(2-22)，迭代求解 $v_i(i=1,2,\cdots,n)$，根据求出的 v_i 值代入方程(2-21)，考察近似 u_i 值的精度，如此循环迭代，直至收敛。

在假定 $u_i(i=1,2,\cdots,n)$ 已知的情况下，由方程(2-19)、(2-

20)和(2-22),可整理得到管道侧向位移的迭代方程组为

$$\sum_{j=1}^{i-1}[\eta_i^2(3\eta_j-\eta_i)-\lambda_{ij}]\zeta_j v_j+$$

$$\left[\frac{6EJ}{L^3}+(2\eta_i^3-\lambda_{ii})\zeta_i\right]v_i+$$

$$\sum_{j=i+1}^{n}[\eta_j^2(3\eta_i-\eta_j)-\lambda_{ij}]\zeta_j v_j=$$

$$\frac{1}{d}\left[2\left(1+\frac{EJ}{KL}\right)\frac{6J}{L^2F}\left(EF\alpha T-\sum_{j=1}^{n}q_j\eta_j\right)\eta_i^2(3-\eta_i)-\right.$$

$$\left.\frac{6J}{L^2F}\left(EF\alpha T-\sum_{j=1}^{n}q_j\eta_j\right)3\eta_i^2\right]\quad(i=1,2,\cdots,n)\qquad(2\text{-}23)$$

简记为

$$\sum_{j=1}^{n}a_{ij}v_j=b_i\quad(i=1,2,\cdots,n)\qquad(2\text{-}23)'$$

其中

$$a_{ij}=\begin{cases}[\eta_i^2(3\eta_j-\eta_i)-\lambda_{ij}]\zeta_j & \text{当 } i>j\\ \dfrac{6EJ}{L^3}+(2\eta_i^3-\lambda_{ij})\zeta_j & \text{当 } i=j\\ [\eta_j^2(3\eta_i-\eta_j)-\lambda_{ij}]\zeta_j & \text{当 } i<j\end{cases}\quad(i,j=1,2,\cdots,n)$$

$$b_i=\frac{1}{d}\left[2\left(1+\frac{EJ}{KL}\right)\frac{6J}{L^2F}\left(EF\alpha T-\sum_{j=1}^{n}q_j\eta_j\right)\eta_i^2(3-\eta_i)-\right.$$

$$\left.\frac{6J}{L^2F}\left(EF\alpha T-\sum_{j=1}^{n}q_j\eta_j\right)3\eta_i^2\right]\quad(i=1,2,\cdots,n)$$

$$\lambda_{ij}=\frac{1}{d}\left[2\left(1+\frac{EJ}{KL}\right)\eta_i^2\eta_j^2(3-\eta_i)(1-\eta_j)+\right.$$

$$\left(1+\frac{4EJ}{KL}\right)\eta_i^2\eta_j^2(3-\eta_i)-$$

$$\left.3\eta_i^2\eta_j^2(1-\eta_j)+3\frac{6J}{L^2F}\eta_i^2\eta_j^2\right]\quad(i,j=1,2,\cdots,n)$$

$$d = 1 + \frac{4EJ}{KL} + 2\left(1 + \frac{EJ}{KL}\right)\frac{6J}{L^2F}$$

方程(2-23)写成矩阵形式为：$\boldsymbol{A}\boldsymbol{v}=\boldsymbol{b}$。易知其中的系数矩阵 $\boldsymbol{A}$ 是对称的。考虑到式中的几何特性：

$$\frac{6J}{L^2F} \approx \frac{6\pi r^3 t}{L^2 \cdot 2\pi rt} = 3\left(\frac{r}{L}\right) \ll 1$$

则迭代方程可以简化如下：

$$\begin{aligned} v_i = {} & 6A_i\alpha TL - \left(\frac{L^3}{EJ}\right)\left[A_i\sum_{j=1}^{n}\eta_j^3\zeta_j v_j - \right. \\ & \frac{1+\dfrac{2EJ}{KL}}{2\left(1+\dfrac{4EJ}{KL}\right)}\sum_{j=1}^{n}(2-\eta_i)\eta_i^2\eta_j^2\zeta_j v_j + \\ & \frac{1}{6}\sum_{j=1}^{i}\eta_i^2(3\eta_j-\eta_i)\zeta_j v_j + \\ & \left.\frac{1}{6}\sum_{j=i+1}^{n}\eta_j^2(3\eta_i-\eta_j)\zeta_j v_j\right] \qquad (i=1,2,\cdots,n) \end{aligned} \tag{2-24}$$

其中

$$A_i = \frac{1}{1+\dfrac{4EJ}{KL}}\left[\frac{1}{2}\left(1+\frac{2EJ}{KL}\right)\eta_i^2 - \frac{1}{3}\left(1+\frac{2EJ}{KL}\right)\eta_i^3\right]$$

2.3.4 迭代初值的选取和收敛性的讨论

迭代方程(2-23)和(2-24)所表示的迭代关系可以表示成如下形式：

$$f(v^{m+1},\zeta^m) = 0 \qquad (m=1,2,\cdots,n)$$

其中，m 为迭代次数。

它所表示的意义为：对于已知的轴向位移近似值，根据侧向位移的第 m 次迭代值 v^m 确定弹簧系数 ζ 的第 m 次迭代值 ζ^m，从迭代方程中求解侧向位移的第 $m+1$ 次迭代解 v^{m+1}。

显然，迭代初值的选取是很重要的。

2.3.4.1　轴向位移的近似计算

从理论上，轴向位移的表示式(2-21)也是一组非线性方程，同样需要进行迭代计算。但考虑到工程实际情况，在热胀时，支架摩擦力及弯头处的轴向压力都远小于热胀锚固力，即有

$$N + \sum_{j=1}^{n} f_j \ll EF\alpha T$$

于是，轴向位移可以近似取值：

$$u_i = \alpha TL\left(1 - \frac{\mu WL}{2EF\alpha T}\right)\eta_i \qquad (i = 1,2,\cdots,n) \tag{2-25}$$

其中，$\mu WL/2$ 为总摩擦力的一半。

2.3.4.2　侧向位移迭代初值的选取

对于架空“L”形管道，轴向位移的近似解(2-25)与实际解相差不大，在计算弹簧系数 ζ_i 时，还需给出侧向位移 v_i 的迭代初值。对于支架较少且摩擦系数较小的蒸汽“L”形管道，支架摩擦力对管道侧向位移的影响不大，可取无摩擦状态下的位移解作为零次近似。而对于支架较多的“L”形管道，支架摩擦力对侧向位移的限制较大，实际位移与无摩擦状态下的解相差较大，从而用无摩擦状态下的位移解作为迭代初值，收敛速度就会比较慢，不宜采用。

考虑到对于支架较多的“L”形架空管道，轴向位移受摩擦力影响较小，侧向位移受摩擦力影响较大，所以一般情况下有

$$u_i > v_i \qquad (i = 1,2,\cdots,n)$$

由此考察

$$\zeta_i = \frac{f}{(u_i^2 + v_i^2)^{1/2}} = \frac{f}{u_i}\left\{1 - \frac{1}{2}\left(\frac{v_i}{u_i}\right)^2 + \frac{3}{8}\left(\frac{v_i}{u_i}\right)^4 - \cdots\right\} \tag{2-26}$$

则弹簧系数的零次近似值可取为

$$\zeta_i^{(0)} = \frac{f_i}{u_i}$$

即侧向位移的迭代初值取为

$$v_i^{(0)} = 0 \qquad (i = 1,2,\cdots,n)$$

为了考察上述两种迭代初值的收敛情况，给出以下两个例子。

例 2.1　设有图 2-3 所示的蒸汽“L”管道，管道每臂上各具有两个滑动支架。已知：臂长 $L=30$ m，管径 $D=63$ cm，壁厚 $t=0.9$ cm，弯头曲率半径 $R=0.9$ m，管子单位长度重量 $W=3.18$ kN/m，管道升温 $T=330$℃，管材弹性模量 $E=200$ GPa，线膨胀系数 $\alpha=0.000\,012\,77$ ℃$^{-1}$，摩擦系数 $\mu=0.1$，计算热胀位移和摩擦力分量。

解

(1) 求解支架反力的方程(2-16)为

$$\begin{bmatrix} 0.934 & 0.315 \\ 0.315 & 0.140 \end{bmatrix} \begin{bmatrix} N_1 \\ N_2 \end{bmatrix} = \begin{bmatrix} 43.26 \\ 16.05 \end{bmatrix}$$

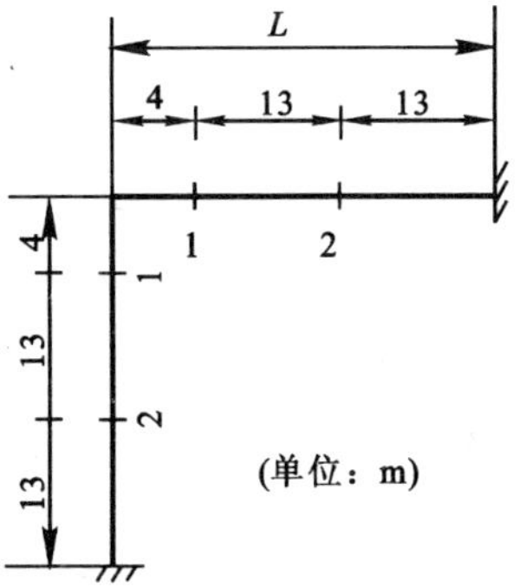

图 2-3　例 2.1 之管道结构图

由此解出支架反力和摩擦力为

$$N_1 = 31.557 \text{ kN} \qquad f_1 = 3.156 \text{ kN}$$

$$N_2 = 43.784 \text{ kN} \qquad f_1 = 4.378 \text{ kN}$$

(2) 由方程(2-25)确定轴向位移的近似解为

$$u_1 = 10.95\ \text{cm}$$

$$u_2 = 5.48\ \text{cm}$$

(3) 位移的无摩擦解为

$$u_1 = 10.95\ \text{cm} \qquad v_1 = 11.08\ \text{cm}$$

$$u_2 = 5.48\ \text{cm} \qquad v_2 = 3.90\ \text{cm}$$

(4) 不同迭代初值的收敛情况：

表 2.1 所示为选取无摩擦解和零侧向位移值时收敛情况的比较。

表 2.1

	无摩擦解	近似解	收敛解
u_0/cm	12.64	12.64	12.63
v_0/cm	12.64	12.64	12.63
u_1/cm	10.95	10.95	10.95
v_1/cm	10.79	0.00	10.62
$\zeta_1/(\text{N}\cdot\text{cm}^{-1})$	205.30	288.22	206.90
u_2/cm	5.48	5.48	5.47
v_2/cm	3.75	0.00	3.42
$\zeta_2/(\text{N}\cdot\text{cm}^{-1})$	659.31	798.91	678.64
迭代次数	2	3	

从上表可以看出，对于支架较少且摩擦系数小的蒸汽“L”形管道，取无摩擦状态下的位移解作为零次近似收敛较快。但同时按轴向位移的近似解和零侧向位移值作为零次近似，收敛也较快。由于无摩擦位移解的得出也需要迭代一次的计算工作量，故二者的计算工作量是相近的。

例 2.2　设每臂上具有 12 个滑动支架的热水“L”形管道如图 2-4(a)所示。已知：管径 $D_w=52.9$ cm，壁厚 $t=0.6$ cm，臂长 $L=124$ m，管道升温 $T=170$℃，弯头曲率半径 $R=75$ cm，管子单位长

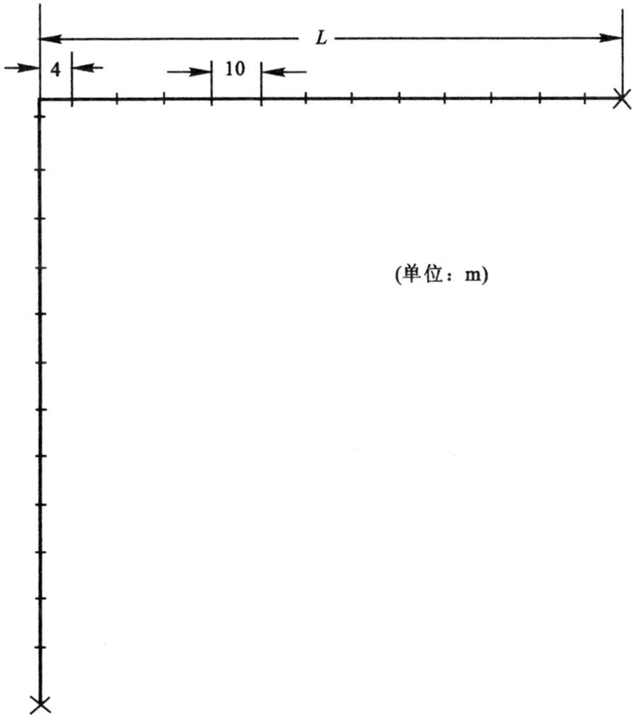

图 2-4(a) 例 2.2 之管道结构图

重量 $W=3.0$ kN/m，弹性模量 $E=200$ GPa，线膨胀系数 $\alpha=0.12\times10^{-4}℃^{-1}$，摩擦系数 $\mu=0.3$，计算热胀位移和摩擦力分量。

解 管道的受力分析图可参看图 2.2(b)。

(1) 管道各支架处的支架反力。由方程(2-16)计算得：

$$\{N_i\}_{i=1,2,\cdots,12} = (26.85, 30.19, 29.95, 30.01, 30.00, 30.00, 30.00, 30.00, 30.00, 30.00, 30.00, 30.00)\ (\text{kN})$$

(2) 轴向位移近似解与收敛解的比较。

由方程(2-25)求出轴向位移的近似解，迭代求解出侧向位移和支架摩擦力分量及弯头处内力后，再由(2-21)式计算轴向位移，两次计算结果相差不大，无须进行大循环迭代。

表 2.2 给出了轴向位移无摩擦解、近似解和收敛解的计算结果。从表中容易看出，近似解比无摩擦解离收敛解较近，但总的看来，摩擦力对轴向位移影响不大。

表 2.2 (单位：cm)

支架号 \ u_i	无摩擦解	近似解	收敛解
0	25.30	24.95	24.91
1	24.48	24.14	24.10
2	22.44	22.13	22.03
3	20.40	20.12	20.04
4	18.36	18.11	18.01
5	16.32	16.10	15.99
6	14.28	14.08	13.98
7	12.24	12.07	11.97
8	10.20	10.06	9.96
9	8.16	8.05	7.96
10	6.12	6.04	5.96
11	4.08	4.02	3.97
12	2.04	2.01	1.98

(3) 横向位移迭代初值与收敛解的比较。

利用轴向位移的近似解，分别按无摩擦解和零位移值作为横向位移的迭代初值，与收敛解的比较结果如表 2.3 所示。弹簧系数 ζ_i 的迭代初值与收敛解的比较结果如表 2.4 所示。

表 2.3　　（单位:cm）

u_i / 支架号	无摩擦解	零位移值	收敛解
1	24.84	0.00	20.74
2	23.30	0.00	10.10
3	21.35	0.00	2.89
4	18.84	0.00	−0.30
5	16.16	0.00	−0.98
6	13.36	0.00	−0.67
7	10.53	0.00	−0.27
8	7.82	0.00	−0.04
9	5.32	0.00	0.03
10	3.17	0.00	0.02
11	1.49	0.00	0.00
12	0.39	0.00	0.00
迭代次数	5	2	

表 2.4　　（单位:N/cm）

ζ_i / 支架号	无摩擦解	零位移值	收敛解
1	23.10	33.37	25.34
2	28.00	40.93	37.32
3	30.50	44.64	44.39
4	34.22	49.71	49.98
5	39.19	55.90	56.17
6	46.02	63.92	64.32
7	55.74	74.57	75.19
8	70.02	89.46	90.53

续表

支架号 \ ζ_i	无摩擦解	零位移值	收敛解
9	92.39	111.80	113.06
10	130.58	149.01	150.92
11	207.20	223.88	226.64
12	433.33	447.76	453.81
迭代次数	5	2	

图 2-4(b)为管道横向位移曲线，其中虚线为无摩擦解，实线为考虑支架摩擦力的解。

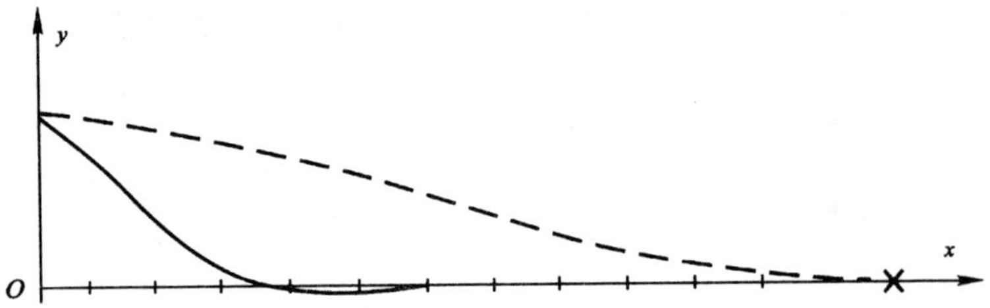

图 2-4(b)　例 2.2 之管道位移曲线图

由以上图表可以看出，无摩擦解离收敛解较远，收敛的迭代次数远大于用侧向位移的零位移值作为迭代初值时的迭代次数。同时，由于支架较多，支架摩擦力对侧向位移的限制较大，由表 2.3 中可以看出，在第 4 个支架以后，管道的侧向位移就接近于零而可忽略不计，从而用零侧向位移值作为迭代初值收敛较快。

由以上两例中可以得出结论：对于一般的水平对称“L”形架空管道，应按方程(2-25)计算轴向位移的近似值，以零侧向位移作为迭代初值，可以较快地得到收敛解。对于今后要讨论的不对称“L”形和“U”形管道，这种选取零侧向位移值作为迭代初值的方法仍然适用。

§2.4 水平不对称"L"形管道的热胀分析与计算

设有两臂不对称的"L"形水平架空管道如图 2-5 所示。两端固支，每臂上分别具有 n_1 个和 n_2 个滑动支架。管道的结构尺寸、单位长重量及材料性质等均为已知，管道内安装温度均匀升高 T℃，分析由于热胀产生的位移和支架处的摩擦力。

用弹性抗弯铰代替弯头，建立图 2-5 中所示的坐标系，分别编出每臂的滑动支架号数。受力分析示意图如图 2-6 所示。各力规定以图中所示方向为正，同时规定轴向位移的正向为由固定支架到弯头的方向，其余位移及转角均以与对应的力和力矩的正向一致者为正。

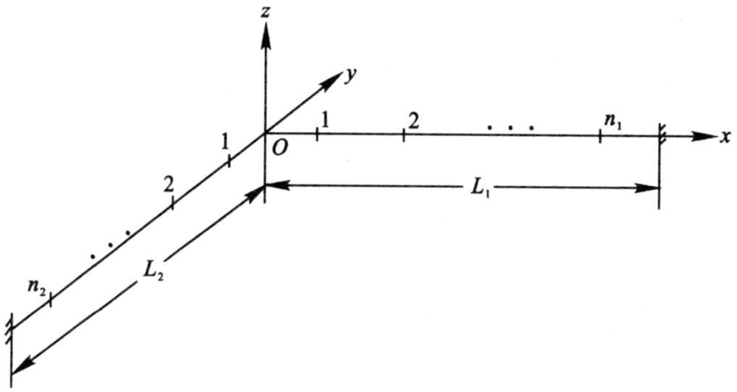

图 2-5 "L"形水平架空管道示意图

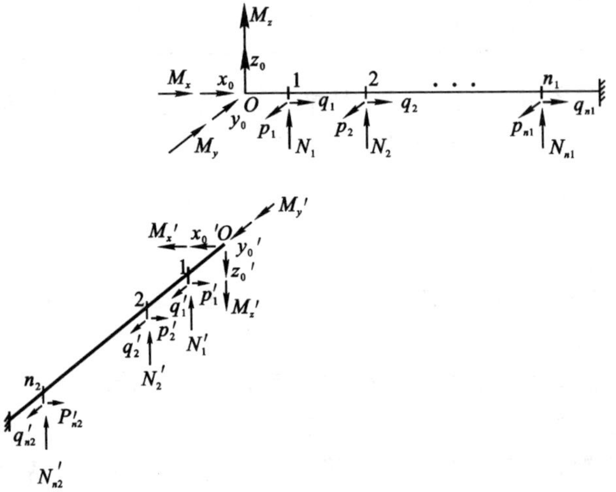

图 2-6　“L”形管道受力分析

2.4.1　基本方程的导出

根据图 2-6 所示的受力分析，利用迭加原理和梁的基本变形公式，我们可以得到以下方程：

2.4.1.1　臂 L_1 的有关方程：

a. 弯头处的转角和位移方程：

$$\theta_{Ox}=\frac{M_xL_1}{GJ_p}-\sum_{j=1}^{n_1}\frac{p_j(L_1-x_j)r}{GJ_p} \tag{2-27}$$

$$\theta_{Oy}=\frac{M_yL_1}{EJ}+\sum_{j=1}^{n_1}\frac{N_j(L_1-x_j)^2}{2EJ}+\frac{Z_0L_1^2}{2EJ}-\frac{WL_1^3}{6EJ} \tag{2-28}$$

$$\theta_{Oz}=\frac{M_zL_1}{EJ}+\sum_{j=1}^{n_1}\frac{p_j(L_1-x_j)^2}{2EG}-\frac{Y_0L_1^2}{2EJ} \tag{2-29}$$

$$u_0=\left(\alpha T-\frac{X_0}{EF}\right)L_1-\frac{1}{EF}\sum_{j=1}^{n_1}q_j(L_1-x_j) \tag{2-30}$$

$$v_0=\frac{Y_0L_1{}^3}{3EJ}-\frac{M_zL_1{}^2}{2EJ}-\sum_{j=1}^{n_1}\frac{p_j(L_1-x_j)^2}{6EJ}[3L_1-(L_1-x_j)] \tag{2-31}$$

$$w_0=\frac{Z_0L_1{}^3}{3EJ}+\frac{M_yL_1{}^2}{2EJ}+\sum_{j=1}^{n_1}\frac{N_j(L_1-x_j)^2}{6EJ}[3L_1-(L_1-x_j)]-\frac{WL_1{}^4}{8EJ} \tag{2-32}$$

b. 管道支架处的位移方程：

$$u_i=\left(\alpha T-\frac{X_0}{EF}-\frac{1}{EF}\sum_{j=1}^{i}q_j\right)(L_1-x_i)-\frac{1}{EF}\sum_{j=i+1}^{n_1}q_j(L_1-x_j) \tag{2-33}$$

$$v_i=\frac{Y_0(L_1-x_i)^2}{6EJ}[3L_1-(L_1-x_i)]-\frac{M_z(L_1-x_i)^2}{2EJ}-\sum_{j=1}^{i-1}\frac{p_j(L_1-x_i)^2}{6EJ}[3(L_1-x_j)-(L_1-x_i)]-\frac{p_i(L_1-x_i)^3}{3EJ}-\sum_{j=i+1}^{n_1}\frac{p_j(L_1-x_j)^2}{6EJ}[3(L_1-x_i)-(L_1-x_j)] \tag{2-34}$$

$$w_i=\frac{Z_0(L_1-x_i)^2}{6EJ}[3L_1-(L_1-x_i)]+\frac{M_y(L_1-x_i)^2}{2EJ}+\sum_{j=1}^{i-1}\frac{N_j(L_1-x_i)^2}{6EJ}[3(L_1-x_j)-(L_1-x_i)]+$$

$$\frac{N_i(L_1-x_i)^3}{3EJ}+\sum_{j=i+1}^{n_1}\frac{N_j(L_1-x_j)^2}{6EJ}\cdot$$
$$[3(L_1-x_i)-(L_1-x_j)]-\frac{W(L_1-x_i)^2}{24EJ}\cdot$$
$$[(L_1-x_i)^2-4L_1(L_1-x_i)+6L_1^2] \qquad (i=1,2,\cdots,n_1) \tag{2-35}$$

2.4.1.2　臂 L_2 的有关方程

a. 弯头处的位移和转角方程：

$$\theta'_{Ox}=\frac{Z_0L_2^2}{2J}+\frac{M_xL_2}{EJ}-\sum_{j=1}^{n_2}\frac{N_j'(L_2-y_j)^2}{2EJ}+\frac{WL_2^3}{6EJ} \tag{2-36}$$

$$\theta'_{Oy}=\frac{M_yL_2}{GJ_p}+\sum_{j=1}^{n_2}\frac{p_j'(L_2-y_j)r}{GJ_p} \tag{2-37}$$

$$\theta'_{Oz}=\frac{M_zL_2}{EJ}-\frac{X_0L_2^2}{2EJ}+\sum_{j=1}^{n_2}\frac{p_j'(L_2-y_j)^2}{2EJ} \tag{2-38}$$

$$u_0'=\left(\alpha T-\frac{Y_0}{EF}\right)L_2-\frac{1}{EF}\sum_{j=1}^{n_2}q_j'(L_2-y_j) \tag{2-39}$$

$$v_0'=\frac{X_0L_2^3}{3EJ}-\frac{M_zL_2^2}{2EJ}-$$
$$\sum_{j=1}^{n_2}\frac{p_j'(L_2-y_j)^2}{6EJ}[3L_2-(L_2-y_j)] \tag{2-40}$$

$$w_0'=\frac{Z_0L_2^3}{3EJ}+\frac{M_xL_2^2}{2EJ}-\sum_{j=1}^{n_2}\frac{N_j'(L_2-y_j)^2}{6EJ}\cdot$$
$$[3L_2-(L_2-y_j)]+\frac{WL_2^4}{8EJ} \tag{2-41}$$

b. 管道支架处的位移方程：

$$u_i' = \left(\alpha T - \frac{Y_0}{EF} - \frac{1}{EF}\sum_{j=1}^{i} q_j' \right) (L_2 - y_i) - \frac{1}{EF}\sum_{j=i+1}^{n_2} q_j' (L_2 - y_j) \tag{2-42}$$

$$\begin{aligned} v_i' = & \frac{X_0 (L_2 - y_i)^2}{6EJ} [3L_2 - (L_2 - y_j)] - \frac{M_z (L_2 - y_i)^2}{2EJ} - \\ & \sum_{j=1}^{i-1} \frac{p_j' (L_2 - y_i)^2}{6EJ} [3(L_2 - y_j) - (L_2 - y_i)] - \\ & \frac{p_i' (L_2 - y_i)^3}{3EJ} - \sum_{j=i+1}^{n_2} \frac{p_j' (L_2 - y_j)^2}{6EJ} \cdot \\ & [3(L_2 - y_i) - (L_2 - y_j)] \end{aligned} \tag{2-43}$$

$$\begin{aligned} w_i' = & \frac{Z_0 (L_2 - y_i)^2}{6EJ} [3L_2 - (L_2 - y_i)] + \frac{M_x (L_2 - y_i)^2}{2EJ} - \\ & \sum_{j=1}^{i-1} \frac{N_j' (L_2 - y_i)^2}{6EJ} [3(L_2 - y_j) - (L_2 - y_i)] - \\ & \frac{N_i' (L_2 - y_i)^3}{3EJ} - \sum_{j=i+1}^{n_2} \frac{N_j' (L_2 - y_j)^2}{6EJ} \cdot \\ & [3(L_2 - y_i) - (L_2 - y_j] + \frac{W (L_2 - y_i)^2}{24EJ} \cdot \\ & [(L_2 - y_i)^2 - 4L_2 (L_2 - y_i) + 6L_2^2] \end{aligned}$$

$$(i = 1, 2, \cdots, n_2) \tag{2-44}$$

以上各方程中，符号 E 为材料弹性模量；F 为管道横截面积；J 为截面惯性矩；J_p为截面极惯性矩；r 为截面平均半径；W 为管道单位长重量。

根据弹性抗弯铰的假定，弯头处的变形协调条件为

$$\begin{cases}\theta_{Ox}+\theta'_{Ox}=0\\ \theta_{Oy}+\theta'_{Oy}=0\\ \theta_{Oz}+\theta'_{Oz}+M_z/K=0\\ u_0-v_0'=0\\ v_0-u_0'=0\\ w_0+w'_0=0\end{cases}\tag{2-45}$$

其中,K 为弹性抗弯铰的弹簧常数。

根据§2.2的基本假定,同时忽略支架本身的变形,各支架处的约束和协调条件为

$$\begin{cases}u_i=q_i/\zeta_i\\ v_i=p_i/\zeta_i\\ w_i=0\end{cases}\tag{2-46}$$

其中

$$\zeta_i=f_i/(u_i^2+v_i^2)^{1/2}$$

$$f_i=\mu N_i\quad(i=1,2,\cdots,n_1)$$

$$\begin{cases}u_i'=q_i'/\zeta_i'\\ v_i'=p_i'/\zeta_i'\\ w_i'=0\end{cases}\tag{2-47}$$

其中

$$\zeta_i'=f_i'/(u_i'^2+v_i'^2)^{1/2}$$

$$f_i'=\mu N_i'\quad(i=1,2,\cdots,n_2)$$

上面各式中,μ 为管道与支架间的摩擦系数。

2.4.2 计算管道的支架反力

根据上述有关的基本方程和约束条件,我们可整理得到计算管道的支架反力的方程如下:

$$\sum_{j=1}^{i-1}\frac{N_j(L_1-x_i)^2}{6}[3(L_1-x_j)-(L_1-x_i)]+$$

$$
\begin{aligned}
&\frac{N_i(L_1-x_i)^3}{3}+\sum_{j=i+1}^{n_1}\frac{N_j(L_1-x_j)^2}{6}[3(L_1-x_i)-(L_1-x_j)]+\\
&\frac{Z_0(L_1-x_i)^2}{6}[3L_1-(L_1-x_i)]+\frac{M_y(L_1-x_i)^2}{2}=\\
&\frac{W(L_1-x_i)^2}{24}[(L_1-x_i)^2-4L_1(L_1-x_i)+6L_1{}^2]\\
&\qquad\qquad(i=1,2,\cdots,n_1)
\end{aligned}
\tag{2-48}
$$

$$
\begin{aligned}
&\sum_{j=1}^{i-1}\frac{N_j'(L_2-y_i)^2}{6}[3(L_2-y_j)-(L_2-y_i)]+\\
&\frac{N_i'(L_2-y_i)^3}{3}+\sum_{j=i+1}^{n_2}\frac{N_j'(L_2-y_j)^2}{6}[3L_2-y_i)-(L_2-y_j)]+\\
&\frac{Z_0(L_2-y_i)^2}{6}[3L_2-(L_2-y_i)]-\frac{M_x(L_2-y_i)^2}{2}=\\
&\frac{W(L_2-y_i)^2}{24}[(L_2-y_i)^2-4L_2(L_2-y_i)+6L_2{}^2]\\
&\qquad\qquad(i=1,2,\cdots,n_2)
\end{aligned}
\tag{2-49}
$$

$$
\begin{aligned}
&\sum_{j=1}^{n_1}\frac{N_j(L_1-x_j)^2}{6}[3L_1-(L_1-x_j)]-\\
&\sum_{j=i+1}^{n_2}\frac{N_j'(L_2-y_j)^2}{6}[3L_2-(L_2-y_j)]+\\
&\frac{Z_0(L_1{}^3+L_2{}^3)}{3}+\frac{M_xL_2^2}{2}+\frac{M_yL_1^2}{2}=\\
&\frac{W(L_1^4-L_2^4)}{8}
\end{aligned}
\tag{2-50}
$$

$$
\begin{aligned}
&\sum_{j=1}^{n_2}N_j'\frac{(L_2-y_j)^2}{2}+Z_0\frac{L_2^2}{2}+\\
&M_x[L_2+(1+\nu)L_1]=-\frac{WL_2^3}{6}
\end{aligned}
\tag{2-51}
$$

$$\sum_{j=1}^{n_1} N_j \frac{(L_1-x_j)^2}{2}+Z_0\frac{L_1^2}{2}+$$

$$M_y[L_1+(1+\nu)L_2]=\frac{WL_1^3}{6} \tag{2-52}$$

利用方程(2-48)～(2-52)可联立求解 $N_i(i=1,2,\cdots,n_1)$，N'_i $(i=1,2,\cdots,n_2)$，Z_0，M_x，M_y。

2.4.3 计算管道的热胀位移和支架处的摩擦力

在求得管道各支架处的反力后，即管道各支架处的大小已知，可以按与§2.3类似的方法分析热胀位移。同样地，先给出轴向位移的近似解，然后对横向位移值进行迭代求解，其迭代方程为

$$\sum_{j=1}^{i-1}\frac{(L_1-x_i)^2}{6}[3(L_1-x_j)-(L_1-x_i)]p_j+$$

$$\left[\frac{(L_1-x_i)^3}{3}+\frac{EJ}{\zeta_i}\right]p_i+$$

$$\sum_{j=i+1}^{n_1}\frac{(L_1-x_j)^2}{6}[3(L_1-x_i)-(L_1-x_j)]p_j-$$

$$\frac{(L_1-x_i)^2}{6}[3L_1-(L_1-x_i)]Y_0+$$

$$\frac{(L_1-x_i)^2}{2}M_z=0 \qquad (i=1,2,\cdots,n_1) \tag{2-53}$$

$$\sum_{j=1}^{i-1}\frac{(L_2-y_i)^2}{6}[3(L_2-y_j)-(L_2-y_i)]p_j'+$$

$$\left[\frac{(L_2-y_i)^3}{3}+\frac{EJ}{\zeta_i'}\right]p_i'+$$

$$\sum_{j=i+1}^{n_2}\frac{(L_2-y_j)^2}{6}[3(L_2-y_i)-(L_2-y_j)]p_j'-$$

$$\frac{(L_2-y_i)^2}{6}[3L_2-(L_2-y_i)]X_0+$$

$$\frac{(L_2-y_i)^2}{2}M_z=0 \qquad (i=1,2,\cdots,n_2) \tag{2-54}$$

其中，X_0,Y_0,M_z 的方程为

$$\left(\frac{L_2^{\ 3}}{3}+L_1\frac{J}{F}\right)X_0-\frac{L_2^{\ 2}}{2}M_z=$$

$$EJ\alpha TL_1-\frac{J}{F}\sum_{j=1}^{n_1}q_j(L_1-x_j)+$$

$$\sum_{j=1}^{n_2}\frac{p_j'(L_2-y_j)^2}{6}[3L_2-(L_2-y_j)] \tag{2-55}$$

$$\left(\frac{L_1^{\ 3}}{3}+L_2\frac{J}{F}\right)Y_0-\frac{L_1^{\ 2}}{2}M_z=$$

$$EJ\alpha TL_2-\frac{J}{F}\sum_{j=1}^{n_2}q_j'(L_2-y_j)+$$

$$\sum_{j=1}^{n_1}\frac{p_j(L_1-x_j)^2}{6}[3L_1-(L_1-x_j)] \tag{2-56}$$

$$-\frac{L_2^{\ 2}}{2}X_0-\frac{L_1^{\ 2}}{2}Y_0+\left(L_1+L_2+\frac{EJ}{K}\right)M_z=$$

$$-\sum_{j=1}^{n_1}\frac{p_j(L_1-x_j)^2}{2}-\sum_{j=1}^{n_2}\frac{p_j'(L_2-y_j)^2}{2} \tag{2-57}$$

选取适当的迭代初值，根据方程(2-53)～(2-57)可迭代求解管系的横向位移和支架摩擦力分量，轴向位移分量由方程(2-33)和(2-42)决定。然后与轴向位移近似解比较，考察是否需要进行大循环迭代。

2.4.4　迭代初值的选取

对于一般的“L”形水平架空管道，管道在水平面内的位移主要由热胀产生，根据我们前节的讨论知，热胀位移在轴向上的分量受支架摩擦力影响很小，但横向位移受支架摩擦力影响较大，于是

在管道支架处，管道的热胀位移在轴向和横向上的分量之间一般有以下关系成立：

$$u_i > v_i \qquad (i\ \text{为支架号数})$$

考察弹簧系数

$$\zeta_i = \frac{f_i}{(u_i^2+v_i^2)^{1/2}} = \frac{f}{u_i}\left\{1-\frac{1}{2}\left(\frac{v_i}{u_i}\right)^2+\frac{3}{8}\left(\frac{v_i}{u_i}\right)^4-\cdots\right\}$$

则 ζ_i 的零次近似值可取为

$$\zeta_i^{(0)} = \frac{f_i}{u_i}$$

从而 v_i 的零次近似值取为 0，支架摩擦力在横向上的分量为零，并由此确定轴向位移的近似值。

根据以上分析，为了确定轴向位移的近似解，在方程(2-55)～(2-57)中取

$$p_j = 0 \quad (j=1,2,\cdots,n_1)$$

$$p_j' = 0 \quad (j=1,2,\cdots,n_2)$$

则有

$$\left(\frac{L_2^3}{3}+L_1\frac{J}{F}\right)X_0-\frac{L_2^2}{2}M_z = EJ\alpha TL_1-\frac{J}{F}\sum_{j=1}^{n_1}f_j(L_1-x_j)$$

$$\left(\frac{L_1^3}{3}+L_2\frac{J}{F}\right)Y_0-\frac{L_1^2}{2}M_z = EJ\alpha TL_2-\frac{J}{F}\sum_{j=1}^{n_2}f_j'(L_2-y_j)$$

$$\frac{L_2^2}{2}X_0-\frac{L_1^2}{2}Y_0+\left(L_1+L_2+\frac{EJ}{K}\right)M_z = 0$$

或者整理成

$$\left[\frac{L_2^3}{3}+L_1\frac{J}{F}-\frac{L_2^4}{4\left(L_1+L_2+\frac{EJ}{K}\right)}\right]X_0-$$

$$\frac{L_1^2L_2^2}{4\left(L_1+L_2+\dfrac{EJ}{K}\right)}Y_0=$$

$$EJ\alpha TL_1-\frac{J}{F}\sum_{j=1}^{n_1}q_j(L_1-x_j)-$$

$$\frac{L_1^2L_2^2}{4\left(L_1+L_2+\dfrac{EJ}{K}\right)}X_0+$$

$$\left(\frac{L_1^3}{3}+L_2\,\frac{J}{F}-\frac{L_1^4}{4\left(L_1+L_2+\dfrac{EJ}{K}\right)}\right)Y_0=$$

$$EJ\alpha TL_2-\frac{J}{F}\sum_{j=1}^{n_2}q_j'(L_2-y_j)$$

联立求解出 X_0,Y_0 后,代入方程(2-33)和(2-36)中,得到轴向位移的近似解:

$$u_i\approx\left(\alpha T\,\frac{X_0}{EF}-\frac{1}{EF}\sum_{j=1}^{i}f_i\right)(L_1-x_i)-\frac{1}{EF}\sum_{j=i+1}^{n_1}f_j(L_1-x_j)\qquad(i=1,2,\cdots,n_1)$$

$$u_i'\approx\left(\alpha T\,\frac{Y_0}{EF}-\frac{1}{EF}\sum_{j=1}^{i}f_i'\right)(L_2-y_i)-\frac{1}{EF}\sum_{j=i+1}^{n_2}f_j'(L_2-y_j)\qquad(i=1,2,\cdots,n_2)$$

弹簧系数的迭代初值取为

$$\zeta_i=\frac{f_i}{u_i}\qquad(i=1,2,\cdots,n_1)$$

$$\zeta_i'=\frac{f_i'}{u_i'}\qquad(i=1,2,\cdots,n_2)$$

上述选取迭代初值的方法比较方便,同时也便于在程序中实现,而且收敛速度也较快。

例 2.3 图 2.7 所示的蒸汽"L"形管道的两臂各具有两个滑

动支架。已知：$L_1=47$ m，$L_2=55$ m，$x_1=7$ m，$x_2=27$ m，$y_1=9$ m，$y_2=30$ m，$r=38.5$ cm，$t=0.7$ cm，弯头曲率半径 $R=154$ cm，$W=4.293$ kN/m，$T=320$ ℃，$E=200$ GPa，$\alpha=0.000\ 012$ ℃$^{-1}$，$\mu=0.3$，计算位移分量和摩擦力分量。

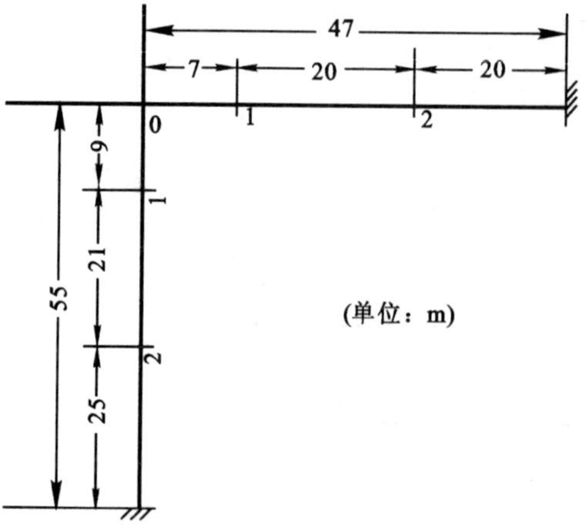

图 2-7　例 2.3 之管系结构图

解

(1) 管系的支架反力为

$$N_1 = 7.040 \times 10^4\ \text{N}$$

$$N_2 = 8.919 \times 10^4\ \text{N}$$

$$N_1' = 8.276 \times 10^4\ \text{N}$$

$$N_2' = 9.758 \times 10^4\ \text{N}$$

在各支架处的最大静摩擦力的值为

$$f_1 = 2.112 \times 10^4\ \text{N} \qquad f_2 = 2.676 \times 10^4\ \text{N}$$

$$f_1' = 2.423 \times 10^4\ \text{N} \qquad f_2' = 2.928 \times 10^4\ \text{N}$$

(2) 由方程(2-53)～(2-57)可写出求解管系热胀位移的迭代方程为

$$\begin{bmatrix} 2.133+\lambda_1 & 0.667 & 0 & 0 & 0 & -2.693 & 4.08 \\ & 0.267+\lambda_2 & 0 & 0 & 0 & -0.807 & 1.02 \\ & & 3.245+\lambda_1' & 1.177 & -4.197 & 0 & 5.396 \\ & 对 & & 0.521+\lambda_2' & -1.458 & 0 & 1.594 \\ & & 称 & & 5.546 & 0 & -7.714 \\ & & & & & 3.461 & -5.633 \\ & & & & & & 40.805 \end{bmatrix} \cdot \begin{bmatrix} p_1 \\ p_2 \\ p_1' \\ p_2' \\ X_0 \\ Y_0 \\ M_z/L' \end{bmatrix} = \begin{bmatrix} 0 \\ 0 \\ 0 \\ 0 \\ b_5 \\ b_6 \\ 0 \end{bmatrix}$$

其中

$\lambda_1=EJ/\zeta_1$；$\lambda_2=EJ/\zeta_2$；$\lambda_1'=EJ/\zeta_1'$；$\lambda_2'=EJ/\zeta_2'$

$L_1'=(L_1+L_2)/2=51\ \text{m}$

$b_5=4.529\ 9\times10^2-0.741\ 1\times10^{-4}(4q_1+2q_2)$

$b_6=5.300\ 9\times10^2-0.741\ 1\times10^{-4}(4.6q_1+2.5q_2)$

迭代初值为

$$\begin{bmatrix} u_1 \\ u_2 \\ u_1' \\ u_2' \end{bmatrix} = \begin{bmatrix} 15.324 \\ 7.662 \\ 17.616 \\ 9.574 \end{bmatrix} (\text{cm})$$

$$\begin{bmatrix} \zeta_1 \\ \zeta_2 \\ \zeta_1' \\ \zeta_2' \end{bmatrix} = \begin{bmatrix} 137.820 \\ 349.197 \\ 140.934 \\ 305.778 \end{bmatrix} (\text{N/m})$$

把迭代方程代入上面的方程进行迭代计算，三次收敛，其收敛过程列于表 2.5。

表 2.5

迭代值 \ 次数	1	2	3
v_1/cm	14.340	14.768	14.792
v_2/cm	1.704	2.039	2.063
v_1'/cm	11.033	11.298	11.308
v_2'/cm	1.021	1.195	1.201
$\zeta_1/(\mathrm{N\cdot m^{-1}})$	137.821	100.749	99.237
$\zeta_2/(\mathrm{N\cdot m^{-1}})$	349.195	340.863	337.447
$\zeta_1'/(\mathrm{N\cdot m^{-1}})$	140.934	119.442	118.632
$\zeta_2'/(\mathrm{N\cdot m^{-1}})$	305.778	304.055	303.429

根据收敛结果计算轴向位移，得到

$$u_1 = 15.30\ \mathrm{cm}$$
$$u_2 = 7.648\ \mathrm{cm}$$
$$u_1' = 17.591\ \mathrm{cm}$$
$$u_2' = 9.551\ \mathrm{cm}$$

与迭代初值误差不大，无须进行大循环迭代，于是可得到支架处摩擦力分量与弯头处内力的值为

$$\begin{bmatrix} p_1 \\ p_2 \\ p_1' \\ p_2' \end{bmatrix} = \begin{bmatrix} 14.668 \\ 6.955 \\ 13.411 \\ 3.645 \end{bmatrix} (\mathrm{kN})$$

$$\begin{bmatrix} q_1 \\ q_2 \\ q_1' \\ q_2' \end{bmatrix} = \begin{bmatrix} 15.196 \\ 25.836 \\ 20.893 \\ 29.047 \end{bmatrix} (\mathrm{kN})$$

$$\begin{bmatrix} X_0 \\ Y_0 \\ M_z \end{bmatrix} = \begin{bmatrix} 13.846\ \text{kN} \\ 16.821\ \text{kN} \\ 70.460\ \text{kN}\cdot\text{m} \end{bmatrix}$$

面弯头处的位移值为：

$$u_0 = 17.996\ \text{cm} \qquad v_0 = 21.043\ \text{cm}$$

§2.5 水平对称"U"形管道的热胀分析与计算

前两节讨论了变弹簧系数迭代法用于水平对称的和不对称的"L"形架空热力管道的热胀分析与计算，我们把它推广到"U"的情况。

设有两臂对称的"U"形水平架空管道如图 2-8 所示。假设支架的设置情况为：除去"U"形顶部中点位置具有一个滑动支架外，"U"形两侧各具有 n 个支架。由于对称，中点位置滑动支架上的摩擦力方向属于已知，因此只需要分析"U"形管道任一侧的 n 个滑动支架的摩擦力分量。不妨取出右侧一半进行分析。坐标系、支架编号和受力情况如图中所示。仍定义 v 的正向沿 y 轴正向，u 的正向沿 x 轴反向。

由于对称，O 点的约束条件如下。

位移情况：

$$\begin{cases} \theta_{Ox} = 0 \\ \theta_{Oy} = 0 \\ O_{oz} = 0 \\ u_0 = 0 \\ w_0 = 0 \end{cases}$$

内力情况：

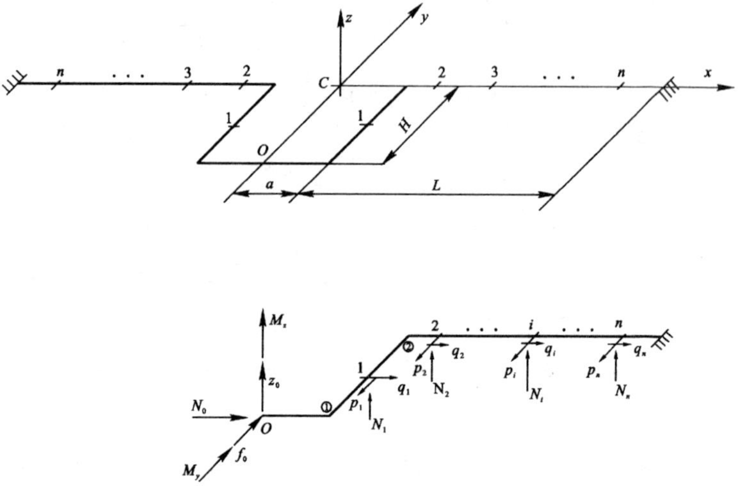

图 2-8　对称“U”形水平管道及受力分析

$$
\begin{cases}
M_x = 0 \\
Q_y = 0 \\
Q_z = 0
\end{cases}
$$

其中，M_z 为扭矩；Q_y，Q_z 分别为 y，z 方向的剪力。

图 2-8 中的 Z_0 为 0 号支架的反力，f_0 为 0 号支架的摩擦力，$f_0=\mu Z_0$。

将半个“U”形视为右端固支的悬臂梁，同时注意到通过弹性抗弯铰(即弯头)时管道截面的转角有突变，则可以得到各个滑动支架处以及弯头处的位移分量的基本方程如下：

$$
\theta_{Ox}=-Z_0\left(\frac{HL}{GJ_p}+\frac{H^2}{2EJ}\right)-N_1\left(\frac{y_1L}{GJ_p}+\frac{y_1^2}{2EJ}\right)+ W\left[\frac{H(a+H/2)L}{GJ_p}+\frac{H^3}{6EJ}+\frac{aH^2}{2EJ}\right] \tag{2-58}
$$

$$
\theta_{Oy}=Z_0\left[\frac{aH}{GJ_p}+\frac{(L+a)^2}{2EJ}\right]+
$$

$$M_y\left(\frac{H}{GJ_p}+\frac{L+a}{EJ}\right)+\sum_{j=1}^{n}\frac{N_j(L'-x_j)^2}{2EJ}-$$
$$W\left[\frac{Ha^2}{GJ_p}+\frac{(L+a)^3}{6EJ}+\frac{HL^2}{2EJ}\right] \tag{2-59}$$

$$\theta_{Oz}=N_0\left[\frac{H}{2EJ}(2L+H)+\frac{H}{K_2}\right]+$$
$$M_z\left[\frac{L+a+H}{EJ}+\frac{1}{K_1}+\frac{1}{K_2}\right]-$$
$$f_0\left[\frac{(L+a)^2+2aH}{2EJ}+a\left(\frac{1}{K_1}+\frac{1}{K_2}\right)\right]+$$
$$q_1\left[\frac{y_1}{2EJ}(y_1+2L)+\frac{y_1}{K_2}\right]+\sum_{j=1}^{n}\frac{p_j(L'-x_j)^2}{2EJ} \tag{2-60}$$

$$u_0=\alpha T(L+a)-\sum_{j=1}^{n}\frac{q_j(L'-x_j)^2}{EF}-$$
$$q_1\left[\frac{LHy_1}{EJ}+\frac{y_1^2}{6EJ}(3H-y_1)+\frac{y_1H}{K_2}\right]+$$
$$f_0\left[\frac{H}{2EJ}(L^2+2aL+aH)+\frac{aH}{K_2}\right]-$$
$$N_0\left[\frac{L+a}{EF}+\frac{H^2}{3EJ}(3L+H)+\frac{H^2}{K_2}\right]-$$
$$M_z\left[\frac{H}{2EJ}(2L+H)+\frac{H}{K_2}\right]-$$
$$\sum_{j=1}^{n}\frac{p_j(L'-x_j)^2H}{2EJ} \tag{2-61}$$

$$v_0=\alpha TH+N_0\left[\frac{H}{2EJ}(L^2+2aL+aH)+\frac{aH}{K_2}\right]+$$
$$M_z\left[\frac{(L+a)^2+2aH}{2EJ}+a\left(\frac{1}{K_1}+\frac{1}{K_2}\right)\right]-$$
$$f_0\left[\frac{H}{EF}+\frac{(L+a)^3}{3EJ}+\frac{a^2H}{EJ}+a^2\left(\frac{1}{K_1}+\frac{1}{K_2}\right)\right]+$$
$$q_1\left[\frac{y_1}{2EJ}(L^2+2aL+ay_1)+\frac{ay_1}{K_2}\right]+\frac{p_1y_1}{EF}+$$

$$\sum_{j=1}^{n}\frac{p_j(L'-x_j)^2}{6EJ}[3L'-(L'-x_j)] \tag{2-62}$$

$$\begin{aligned}w_0=&Z_0\left[\frac{(L+a)^3+H^3}{3EJ}+\frac{a^2H+LH^2}{GJ_p}\right]+\\&M_y\left[\frac{(L+a)^2}{2EJ}+\frac{Ha}{GJ_p}\right]+\\&N_1\left[\frac{LHy_1}{GJ_p}+\frac{y_1^2}{6EJ}(3H-y_1)\right]+\\&\sum_{j=1}^{n}\frac{N_j(L'-x_j)^2}{6EJ}[3L'-(L'-x_j)]-\\&W\left[\frac{(L+a)^4}{8EJ}+\frac{(a+H/2)LH^2}{GJ_p}+\right.\\&\left.\frac{a^3H}{2GJ_p}+\frac{H^4}{8EJ}+\frac{HL^3}{3EJ}+\frac{aH^3}{3EJ}+\frac{HaL^2}{2EJ}\right]\end{aligned} \tag{2-63}$$

$$\begin{aligned}u_1=&\alpha TL-\sum_{j=1}^{n}\frac{q_j(L'-x_j)}{EF}-\\&q_1\left(\frac{Ly_1^2}{EJ}+\frac{y_1^3}{3EJ}+\frac{y_1^2}{K_2}\right)+\\&f_0\left[\frac{y_1}{2EJ}(L^2+2aL+ay_1)+\frac{ay_1}{K_2}\right]-\\&N_0\left[\frac{L}{EF}+\frac{y_1^2}{6EJ}(3H-y_1)+\frac{HLy_1}{EJ}+\frac{Hy_1}{K_2}\right]-\\&M_z\left(\frac{y_1^2}{2EJ}+\frac{Ly_1}{EJ}+\frac{y_1}{K_2}\right)-\sum_{j=1}^{n}\frac{p_j(L'-x_j)^2y_1}{2EJ}\end{aligned} \tag{2-64}$$

$$\begin{aligned}v_1=&-N_0\frac{L^2H}{2EJ}-M_z\frac{L^2}{2EJ}+\\&f_0\left[\frac{y_1}{EF}+\frac{L^2}{6EJ}(2L+3a)\right]-p_1\frac{y_1}{EF}-\\&\sum_{j=1}^{n}\frac{p_j(L'-x_j)^2}{6EJ}[3L'-(L'-x_j)]-\end{aligned}$$

$$\frac{q_1 y_1 L^2}{2EJ} - \alpha T y_1 \tag{2-65}$$

$$w_1 = Z_0\left[\frac{L^2(2L+3a)}{6EJ} + \frac{y_1^2}{6EJ}(3H-y_1) + \frac{HLy_1}{GJ_{\mathrm{p}}}\right] +$$
$$M_y\frac{L^2}{2EJ} + N_1\left(\frac{y_1^2 H}{GJ_{\mathrm{p}}} + \frac{y_1^3}{3EJ}\right) +$$
$$\sum_{j=1}^{n}\frac{N_j(L'-x_j)^2}{6EJ}[3L'-(L'-x_j)] -$$
$$W\left[\frac{L^4}{8EJ} + \frac{HL(H+2a)y_1}{GJ_{\mathrm{p}}} + \frac{L^3(a+H)}{3EJ} +\right.$$
$$\frac{a^2L^2}{4EJ} + \frac{y_1^2}{24EJ}(y_1^2 - 4Hy_1 + 6H^2) +$$
$$\left.\frac{ay_1^2}{6EJ}(3H-y_1)\right] \tag{2-66}$$

$$u_i = \left(\alpha T - \frac{N_0}{EF} - \frac{1}{EF}\sum_{j=1}^{i} q_i\right)(L'-x_i) -$$
$$\frac{1}{EF}\sum_{j=i+1}^{n} q_j(L'-x_j) \quad (i=2,3,\cdots,n) \tag{2-67}$$

$$v_i = f_0\left\{\frac{(L'-x_i)^2}{6EJ}[3L'-(L'-x_i)]\right\} -$$
$$N_0\frac{H(L'-x_i)^2}{2EJ} - M_z\frac{(L'-x_i)^2}{2EJ} - q_1\frac{y_1(L'-x_i)^2}{2EJ} -$$
$$\sum_{j=1}^{i-1}\frac{p_j(L'-x_i)^2}{6EJ}[3(L'-x_j)-(L'-x_j)] - \frac{p_i(L'-x_i)^3}{3EJ} -$$
$$\sum_{j=i+1}^{n}\frac{p_j(L'-x_j)^2}{6EJ}[3(L'-x_i)-(L'-x_j)]$$
$$(i=2,3,\cdots,n) \tag{2-68}$$

$$w_i = Z_0\frac{(L'-x_i)^2}{6EJ}[3L'-(L'-x_i)] + M_y\frac{(L'-x_i)^2}{2EJ} +$$

$$\sum_{j=1}^{i-1}\frac{N_j(L'-x_i)^2}{6EJ}[3(L'-x_j)-(L'-x_i)]+$$

$$\frac{N_i(L'-x_i)^3}{3EJ}+$$

$$\sum_{j=i+1}^{n}\frac{N_j(L'-x_j)^2}{6EJ}[3(L'-x_i)-(L'-x_j)]-$$

$$W\Big[\frac{(L'-x_i)^2}{24EJ}[(L'-x_i)^2-4L'(L'-x_i)+6L'^2]+$$

$$\frac{H(L'-x_i)^2}{6EJ}[3L-(L'-x_i)]\Big]$$

$$(i=2,3,\cdots,n) \qquad (2\text{-}69)$$

式中，$L'=L+a$；K_1 和 K_2 分别为弹性抗弯铰(即弯头)1 和 2 处的抗弯刚度。

各支架处的约束条件为

$$\begin{cases} u_i=\dfrac{q_i}{\zeta_i} \\ v_i=\dfrac{p_i}{\zeta_i} \\ w_i=0 \end{cases} \qquad (i=1,2,\cdots,n)$$

其中

$$\zeta_i=\frac{f_i}{(u_i^2+v_i^2)^{1/2}}; \qquad f_i=\mu N_i \qquad (i=1,2,\cdots,n)$$

从以上方程和约束条件可以整理得到求算管道支架反力的方程组为

$$Z_0H[H+2(1+\nu)L]+N_1y_1[y_1+2(1+\nu)L]=$$

$$\frac{WH}{3}[H^2+3aH+3(1+\nu)(2a+H)L] \qquad (2\text{-}70)$$

$$Z_0[L'^2+2(1+\nu)aH]+2M_y[L'+(1+\nu)H]+$$

$$\sum_{j=1}^{n}N_j(L'-x_j)^2=$$

$$W\left[\frac{L'^3}{3}+HL^2+(1+\nu)Ha^2\right] \tag{2-71}$$

$$Z_0\left[\frac{L'^3+H^3}{3}+(1+\nu)(a^2H+LH^2)\right]+$$
$$M_y\left[\frac{L'^2}{2}+(1+\nu)Ha\right]+$$
$$N_1\left[\frac{y_1^2}{6}(3H-y_1)+(1+\nu)y_1LH\right]+$$
$$\sum_{j=1}^{n}\frac{N_j(L'-x_j)^2}{6}[3L'-(L'-x_j)]=$$
$$W\left[\frac{L'^4+H^4}{8}+\frac{HL^3+aH^3}{3}+\frac{HaL^2}{2}+\right.$$
$$\left.(1+\nu)\frac{(2a+H)LH^2+a^3H}{2}\right] \tag{2-72}$$

$$Z_0\left[\frac{L^2(3a+2L)}{6}+\frac{y_1(3H-y_1)}{6}+(1+\nu)HLy_1\right]+$$
$$\frac{M_yL^2}{2}+N_1\left[\frac{y_1^3}{3}+(1+\nu)y_1^2L\right]+$$
$$\sum_{j=1}^{n}\frac{N_j(L'-x_j)^2}{6}[3L-(L'-x_j)]=$$
$$W\left[\frac{L^4}{8}+\frac{L^3(a+H)}{3}+\frac{a^2L^2}{4}+\frac{y_1^2}{24}(y_1^2-4Hy_1+6H^2)+\right.$$
$$\left.\frac{ay_1^2}{6}(3H-y_1)+\frac{(1+\nu)}{2}HL(H+2a)y_1\right] \tag{2-73}$$

$$Z_0\frac{(L'-x_i)^2}{2}[3L'-(L'-x_i)]+M_y\frac{(L'-x_i)^2}{2}+$$
$$\sum_{j=1}^{i-1}\frac{N_j(L'-x_i)^2}{6}[3(L'-x_j)-(L'-x_i)]+$$
$$\frac{N_i(L'-x_i)^3}{3}+\sum_{j=i+1}^{n}\frac{N_j(L'-x_j)^2}{6}[3(L'-x_i)-(L'-x_j)]=$$

$$W\left\{\frac{(L'-x_i)^2}{24}[(L'-x_i)^2-4L'(L'-x_i)+6L'^2]+\right.$$
$$\left.\frac{H(L'-x_i)^2}{6}[3L-(L'-x_i)]\right\}\quad(i=1,2,\cdots,n)\tag{2-74}$$

由方程(2-70)～(2-74)可联立求解 $Z_0,M_y,N_i(i=1,2,\cdots,n)$。

根据求出的支架反力 $Z_0,N_i(i=1,2,\cdots,n)$，即各支架处摩擦力的大小已知：

$$f_0=\mu Z_0\quad f_i=\mu N_i\qquad(i=1,2,\cdots,n)$$

可以迭代计算管道的热胀位移和支架摩擦力分量。在迭代求解时，假定 x 方向的位移 $u_i(i=1,2,\cdots,n)$ 为已知值，即用 u_i 的近似值代入，用以计算 $v_i(i=1,2,\cdots,n)$ 的值，求解 v_i 的迭代方程为

$$\sum_{j=1}^{n}\frac{(L'-x_j)^2}{2}\zeta_j v_j+N_0\left[\frac{H(2L+H)}{2}+\frac{HEJ}{K_2}\right]+$$
$$M_z\left[L+a+H+EJ\left(\frac{1}{K_1}+\frac{1}{K_2}\right)\right]=$$
$$f_0\left[\frac{L'+2aH}{2}+aEJ\left(\frac{1}{K_1}+\frac{1}{K_2}\right)\right]-$$
$$q_1\left[\frac{y_1(2L+y_1)}{2}+\frac{y_1EJ}{K_2}\right]\tag{2-75}$$

$$\sum_{j=1}^{n}\frac{(L'-x_j)^2H}{2}\zeta_j v_j+$$
$$N_0\left[\frac{L'J}{F}+\frac{H^2(3L+H)}{3}+\frac{H^2EJ}{K_2}\right]+$$
$$M_z\left[\frac{H(2L+H)}{2}+\frac{HEJ}{K_2}\right]=$$
$$EJ\alpha TL+f_0\left[\frac{H(L^2+2aL+aH)}{2}+\frac{H^2EJ}{K_2}\right]-$$
$$q_1\left[LHy_1+\frac{y_1^2(3H-y_1)}{6}+\frac{y_1HEJ}{K_2}\right]-$$
$$\sum_{j=1}^{n}q_j(L'-x_j)\frac{J}{F}\tag{2-76}$$

$$\left[EJ+\left(y_1\frac{J}{F}+\frac{L^3}{3}\right)\zeta_1\right]V_1+$$
$$\sum_{j=2}^{n}\frac{(L'-x_j)^2}{6}[3L-(L'-x_j)]\zeta_j v_j+$$
$$\frac{N_0L^2H}{2}+\frac{M_ZL^2}{2}=$$
$$f_0\left\{\frac{y_1J}{F}+\frac{L^2(2L+3a)}{6}\right\}-EJ\alpha Ty_1-q_1\frac{y_1L^2}{2} \tag{2-77}$$

$$\sum_{j=1}^{i-1}\frac{(L'-x_i)^2}{6}[3(L'-x_j)-(L'-x_i)]\zeta_j v_j+$$
$$\left[EJ+\frac{(L'-x_i)^3}{3}\zeta_i\right]v_i+$$
$$\sum_{j=i+1}^{n}\frac{(L'-x_j)^2}{6}[3(L'-x_i)-(L'-x_j)]\zeta_j v_j+$$
$$\frac{N_0H(L'-x_i)^2}{2}+\frac{M_z(L'-x_i)^2}{2}=$$
$$f_0\frac{(L'-x_i)^2}{6}[3L'-(L'-x_i)]-\frac{q_1y_1(L'-x_i)^2}{2}$$
$$(i=2,3,\cdots,n) \tag{2-78}$$

选取适当的迭代初值，即可由上述迭代方程组求解管道热胀位移的横向分量 $v_i(i=1,2,\cdots,n)$ 和支架摩擦力分量 p_i，$q_i(i=1,2,\cdots,n)$。根据求得的收敛解，再考虑轴向位移近似解的可靠性，如果轴向位移的近似解与利用方程(2-64)，(2-67)算出的结果相差较大，则需要重复循环，直到横向位移和轴向位移都收敛为止。零号支架处的横向位移可由收敛解计算，方程如(2-62)式所示。

考虑到“U”形架空管道的工程特性：$a\ll L, H\ll L, N_0\ll EF\alpha T, f_0\ll EF\alpha T$，而且管道在水平面内无主动外载等，不难推知：除零号滑动支架外，应有 $v_i\ll u_i, q_i\approx f_i(i=1,2,\cdots,n)$。由此我们给出轴向位移的近似解为

$$u_1\approx\alpha T\left[L-\frac{y_1(L+a)}{H}\right]-\frac{1}{EF}\sum_{j=1}^{n}f_j(L'-x_j)\left(1-\frac{y_1}{H}\right)$$

$$u_i=\alpha T(L_{\prime}-x_i)-\frac{1}{EF}\sum_{j=1}^{i}f_j(L_{xi})-$$

$$\frac{1}{EF}\sum_{j=i+1}^{n}f_j(L'-x_j)\qquad(i=2,3\cdots,n)$$

于是弹簧系数 $\zeta_i(i=1,2,\cdots,n)$ 的迭代初值取为

$$\zeta_i^{(0)}=\frac{f_i}{u_i}\qquad(i=1,2,\cdots,n)$$

若要选用无摩擦状态下的热胀位移作为零次近似，则迭代收敛较慢。

实算表明，按上述迭代初值进行迭代计算，收敛很快，而且无需进行大循环计算。

例 2.4　设有水平对称"U"架空管道如图 2-9 所示。已知管道的基本参数为：$D_w=63$ cm，$t=0.9$ cm，$R=90$ cm，$W=3.18$ kN/m，$T=330$℃，$\alpha=0.000\ 012\ 77$ ℃$^{-1}$，$E=187$ GPa，$\mu=0.3$，滑动支架数 $n=6$，$L=65$ m，$H=8$ m，$a=4$ m，支架尺寸在图中标注。求热胀位移及摩擦力分量。

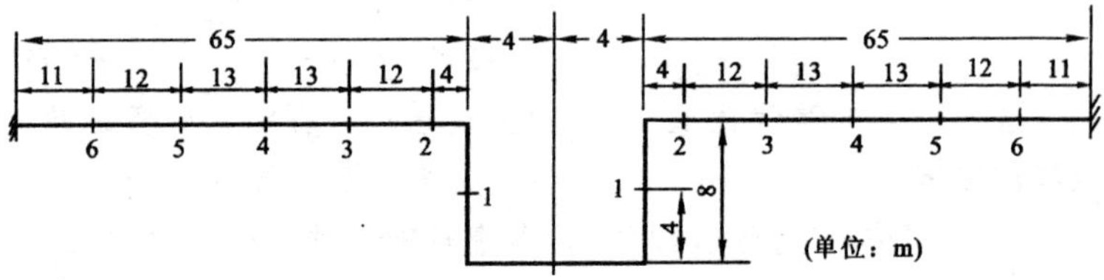

图 2-9　例 2.4 之管系结构图

解

(1) 根据方程(2-70)～(2-74)求得管系各支架处的支架反力为

$$\begin{bmatrix} N_1 \\ N_2 \\ N_3 \\ N_4 \\ N_5 \\ N_6 \end{bmatrix} = \begin{bmatrix} 21.58 \\ 32.53 \\ 40.78 \\ 41.78 \\ 40.13 \\ 36.25 \end{bmatrix} (\mathrm{kN})$$

最大静摩擦力为

$$\begin{bmatrix} f_1 \\ f_2 \\ f_3 \\ f_4 \\ f_5 \\ f_6 \end{bmatrix} \begin{bmatrix} 6.47 \\ 9.76 \\ 12.23 \\ 12.53 \\ 12.04 \\ 10.88 \end{bmatrix} (\mathrm{kN})$$

(2) 轴向位移的近似解和弹簧系数的零次近似值为

$$\begin{bmatrix} u_1 \\ u_2 \\ u_3 \\ u_4 \\ u_5 \\ u_6 \end{bmatrix} = \begin{bmatrix} 12.818 \\ 25.638 \\ 20.586 \\ 15.118 \\ 9.655 \\ 4.616 \end{bmatrix} (\mathrm{cm})$$

$$\begin{bmatrix} \zeta_1 \\ \zeta_2 \\ \zeta_3 \\ \zeta_4 \\ \zeta_5 \\ \zeta_6 \end{bmatrix} = \begin{bmatrix} 504.76 \\ 380.66 \\ 594.09 \\ 828.81 \\ 1\ 247.02 \\ 2\ 357.02 \end{bmatrix} (\mathrm{N/cm})$$

(3) 收敛结果与迭代初值的比较。根据上述迭代初值,即可由迭代方程组(2-75)～(2-78)迭代求解管系的横向位移和支架摩擦力分量，经二次迭代便可收敛，且利用方程(2-64)和(2-67)计算出的轴向位移值与近似值相差不大，无须进行大循环迭代。其收敛结果如表 2.6 所示。

表 2.6 (单位:cm)

		近似解	无摩擦解	收敛解
1	u_i	12.82	12.55	12.68
	v_i	0.0	−85.30	−4.17
2	u_i	25.64	25.65	25.57
	v_i	0.0	−73.65	0.75
3	u_i	20.59	20.61	20.53
	v_i	0.0	−47.54	4.33
4	u_i	15.12	15.14	15.08
	v_i	0.0	−25.67	3.07
5	u_i	9.66	9.67	9.63
	v_i	0.0	−10.48	1.10
6	u_i	4.62	4.63	4.60
	v_i	0.0	−2.40	0.17
收敛次数		2	10	

支架处的摩擦分量为

$$\begin{bmatrix} q_1 \\ q_2 \\ q_3 \\ q_4 \\ q_5 \\ q_6 \end{bmatrix} \begin{bmatrix} 6.15 \\ 9.75 \\ 11.97 \\ 12.28 \\ 11.96 \\ 10.87 \end{bmatrix} \text{(kN)}$$

$$\begin{bmatrix} p_1 \\ p_2 \\ p_3 \\ p_4 \\ p_5 \\ p_6 \end{bmatrix} \begin{bmatrix} -2.02 \\ 0.29 \\ 2.52 \\ 2.50 \\ 1.37 \\ 0.40 \end{bmatrix} \text{(kN)}$$

弯头处的位移值为

$$u_{01} = -1.634 \text{ cm} \qquad v_{01} = -5.679 \text{ cm}$$

$$u_{02} = 27.246 \text{ cm} \qquad v_{02} = -2.309 \text{ cm}$$

中央支架处的侧向位移值为

$$v_0 = -6.448 \text{ cm}$$

当不考虑摩擦力时，有

$$v_0 = -87.84 \text{ cm}$$

管道的变形趋势如图 2-10 所示，实线为考虑支架摩擦力时的变形，虚线为不考虑支架摩擦力时的变形情况。从图中可以看出，支架摩擦力对管道侧向位移的影响是较大的。

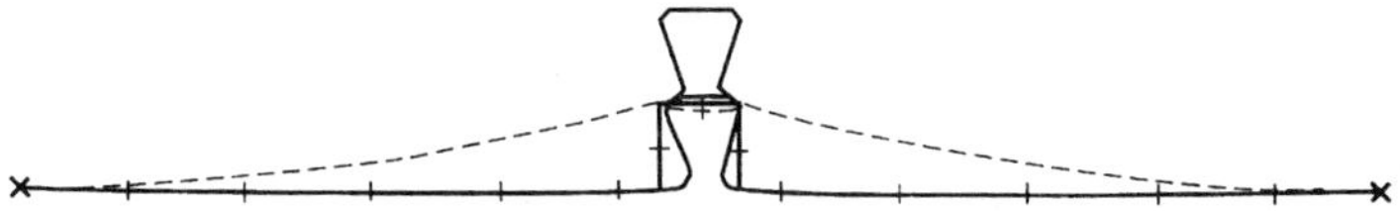

图 2-10 例 2.4 之管系变形图

§2.6 水平不对称“U”形管道的热胀分析与计算

考察图 2-11 所示的水平不对称“U”形架空热力管道，以下给出热胀位移和支架摩擦力的分析计算。

首先根据图 2-11 所示的坐标系和支架编号，做出如图 2-12 所示的受力分析图。为了借助于§2.5 中的基本方程的形式，将整个管系分为两部分，其坐标以绝对值的形式在方程中出现，并规定左半部分各位移、力和坐标量的符号带有角撇(′)号，以便于与右半部分各量的符号相区分。整个管系的基本方程为两组类似于方程(2-58)～(2-69)的表达式。

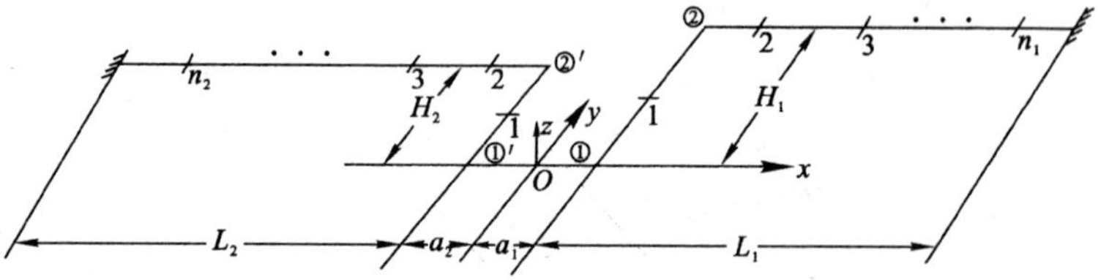

图 2-11　水平不对称“U”形架空管道

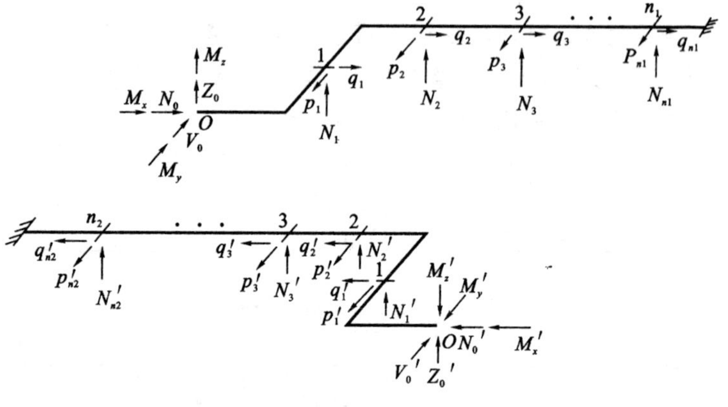

图 2-12　“U”形管道受力分析

管道的约束和变形协调条件为

$$\begin{cases}\theta_{Ox}+\theta'_{Ox}=0\\ \theta_{Oy}+\theta'_{Oy}=0\\ \theta_{Oz}+\theta'_{Oz}=0\end{cases}$$

$$\begin{cases} u_0 + u'_0 = 0 \\ v_0 + v'_0 = 0 \\ w_0 = w'_0 = 0 \end{cases}$$

$$\begin{cases} X_0 - X'_0 = q_0 \\ V_0 + V'_0 = p_0 \\ Z_0 + Z'_0 = N_0 \end{cases}$$

其中，N_0，q_0，p_0 分别为支架 O 处的支架反力、纵向和横向摩擦力。

在管道各支架处：

$$\begin{cases} u_i = \dfrac{q_i}{\zeta_i} \\ v_i = \dfrac{p_i}{\zeta_i} \qquad \zeta_i = \dfrac{f_i}{(u_i^2 + v_i^2)^{1/2}} \\ w_i = 0 \qquad f_i = \mu_i N_i = (q_1^2 + p_1^2)^{1/2} \quad (i = 1, 2, \cdots, n_1) \end{cases}$$

$$\begin{cases} u'_i = \dfrac{q'_i}{\zeta'_i} \\ v'_i = \dfrac{p'_i}{\zeta'_i} \qquad \zeta'_i = \dfrac{f'_i}{(u'^2_i + v'^2_i)^{1/2}} \\ w'_i = 0 \qquad f'_i = \mu'_i N'_i = (q'^2_i + p'^2_i)^{1/2} \quad (i = 1, 2, \cdots, n_2) \end{cases}$$

根据假定和已知的约束条件，可较容易地求出管系的支架反力。求解管道热胀位移的迭代方程组为

$$\left[EJ + \left(y_1 \frac{J}{F} + \frac{L_1^3}{3}\right)\zeta_1\right]v_1 +$$

$$\sum_{j=2}^{n_1} \frac{(L_a - x_j)^2}{6}[3L_1 - (L_a - x_j)]\zeta_j v_j +$$

$$\frac{X_0 L_1^2 H_1}{2} + \frac{M_z L_1^2}{2} - V_0\left[\frac{y_1 J}{F} + \frac{L_1^2(2L_1 + 3a_1)}{6}\right] =$$

$$-EJ\alpha T y_1 - q_1 \frac{y_1 L_1^2}{2} \tag{2-79}$$

$$\sum_{j=1}^{i-1} \frac{(L_a - x_i)^2}{6}[3(L_a - x_j) - (L_a - x_i)]\zeta_j v_j + P$$

$$\left[EJ+\frac{(L_a-x_i)^3}{3}\zeta_i\right]v_i+$$

$$\sum_{j=i+1}^{n_1}\frac{(L_a-x_j)^2}{6}[3(L_a-x_i)-(L_a-x_j)]\zeta_j v_j+$$

$$\frac{X_0H_1(L_a-x_i)^2}{2}+\frac{M_z(L_a-x_i)^2}{2}-$$

$$V_0\frac{(L_a-x_i)^2}{6}[3L_a-(L_a-x_i)]=$$

$$\frac{q_1y_1(L_a-x_i)^2}{2}\qquad(i=2,3,\cdots,n_1)\tag{2-80}$$

$$\left[EJ+\left(y'_1\frac{J}{F}+\frac{L_2^3}{3}\right)\zeta'_1\right]v'_1+$$

$$\sum_{j=2}^{n_2}\frac{(L'_a-x'_j)^2}{6}[3L_2-(L'_a-x'_j)]\zeta'_jv'_j+$$

$$\frac{X'_0L_2^2H_2}{2}+\frac{M_zL_2^2}{2}-V'_0\left[\frac{y'_1J}{F}+\frac{L_2^2(2L_2+3a_2)}{6}\right]=$$

$$-EJ\alpha Ty'_1-q'_1\frac{y'_1L_2^2}{2}\tag{2-81}$$

$$\sum_{j=1}^{i-1}\frac{(L'_a-x'_i)^2}{6}[3(L'_a-x'_j)-(L'_a-x'_i)]\zeta'_jv'_j+$$

$$[EJ+\frac{(L'_a-x'_i)^3}{3}\zeta'_i]v'_i+$$

$$\sum_{j=i+1}^{n_2}\frac{(L'_a-x'_j)^2}{6}[3(L'_a-x'_i)-(L'_a-x'_j)]\zeta'_jv'_j+$$

$$\frac{X'_0H_2(L'_a-x'_i)^2}{2}+\frac{M_z(L'_a-x'_i)^2}{2}-$$

$$V'_0\frac{(L'_a-x'_i)^2}{6}[3L'_a-(L'_a-x'_i)]=$$

$$\frac{q'_1y'_1(L'_a-x'_i)^2}{2}\qquad(i=2,3,\cdots,n_2)\tag{2-82}$$

其中，X_0，X'_0，V_0，V'_0 存在以下关系：

$$X'_0 = X_0 - q_0$$

$$V'_0 = p_0 - V_0$$

关于 X_0，V_0，M_z 的补充方程为

$$\begin{aligned}
&\sum_{j=1}^{n_1}\frac{(L_a-x_j)^2}{2}\zeta_j v_j+\sum_{j=1}^{n_2}\frac{(L'_a-x'_j)^2}{2}\zeta'_j v'_j+\\
&X_0\left[\frac{H_1(2L_1+H_1)+H_2(2L_2+H_2)}{2}+\frac{H_1EJ}{K_2}+\frac{H_2EJ}{K'_2}\right]+\\
&M_z\left[L_a+L'_a+H_1+H_2+EJ\left(\frac{1}{K_1}+\frac{1}{K_2}+\frac{1}{K'_1}+\frac{1}{K'_2}\right)\right]-\\
&V_0\left[\frac{L_a^2-L'^2_a}{2}+a_1H_1-a_2H_2+\right.\\
&\left.a_1EJ\left(\frac{1}{K_1}+\frac{1}{K_2}\right)-a_2EJ\left(\frac{1}{K'_1}+\frac{1}{K'_2}\right)\right]=\\
&p_0\left[\frac{L'_a+2a_2H_2}{2}+a_2EJ\left(\frac{1}{K'_1}+\frac{1}{K'_2}\right)\right]+\\
&q_0\left[\frac{H_2}{2}(H_2+2L_2)+\frac{H_2EJ}{K'_2}\right]-\\
&q_1\left[\frac{y_1}{2}(y_1+2L_1)+\frac{y_1EJ}{K_2}\right]-\\
&q'_1\left[\frac{y'_1(2L_2+y'_1)}{2}+\frac{y'_1EJ}{K'_2}\right]
\end{aligned}\tag{2-83}$$

$$\begin{aligned}
&\sum_{j=1}^{n_1}\frac{(L_a-x_j)^2H_1}{2}\zeta_j v_j+\sum_{j=1}^{n_2}\frac{(L'_a-x'_j)^2H_2}{2}\zeta'_j v'_j+\\
&X_0\left[\frac{(L_a+L'_a)J}{F}+H_1^2L_1+H_2^2L_2+\right.\\
&\left.\frac{H_1^3+H_2^3}{3}+\frac{H_1^2EJ}{K_2}+\frac{H_2^2EJ}{K'_2}\right]+\\
&M_z\left(H_1L_1+H_2L_2+\frac{H_1^2+H_2^2}{2}+\frac{H_1EL}{K_2}+\frac{H_2EJ}{K'_2}\right)-\\
&V_0\left[\frac{H_1}{2}(L_1^2+2a_1L_1+a_1H_1)-\right.
\end{aligned}$$

$$\frac{H_2}{2}(L_2^2+2a_2L_2+a_2H_2)+EJ\left(\frac{a_1H_1}{K_2}-\frac{a_2H_2}{K'_2}\right)\Bigg]=$$

$$p_0\left[\frac{H_2}{2}(L_2^2+2a_2L_2+a_2H_2)+\frac{a_2H_2EJ}{K'_2}\right]+$$

$$EJ\alpha T(L_a+L'_a)+q_0\left[\frac{L'_aJ}{F}+\frac{H_2^2}{3}(3L_2+H_2)+\frac{H_2EJ}{K'_2}\right]-$$

$$q_1\left[L_1H_1y_1+\frac{y_1^2}{6}(3H_1-y_1)+\frac{H_1y_1EJ}{K_2}\right]-$$

$$q'_1\left[L_2H_2y'_1+\frac{y'^2_1}{6}(3H_2-y'_1)+\frac{H_2y'_1EJ}{K'_2}\right]-$$

$$\frac{J}{F}\left[\sum_{j=1}^{n_1}q_j(L_a-x_j)+\sum_{j=1}^{n_2}q'_j(L'_a-x'_j)\right] \tag{2-84}$$

$$\frac{y_1J}{F}\zeta_1v_1+\sum_{j=1}^{n_1}\frac{(L_a-x_j)^2}{6}[3L_a(L_a-x_j)]\zeta_jv_j-$$

$$\frac{y'_1J}{F}\zeta'_1v'_1+\sum_{j=1}^{n_2}\frac{(L'_a-x'_j)^2}{6}[3L'_a-(L'_a-x'_j)]\zeta'_jv'_j+$$

$$X_0\left[\frac{H_1}{2}(L_1^2+2a_1L_1+a_1H_1)-\frac{H_2}{2}(L_2^2+2a_2L_2+a_2H_2)+\right.$$

$$\left.EJ\left(\frac{a_1H_1}{K_2}+\frac{a_2H_2}{K'_2}\right)\right]+$$

$$M_z\left[\frac{L_a^2-L'^2_a}{2}+H_1a_1-H_2a_2+a_1EJ\left(\frac{1}{K_1}+\frac{1}{K_2}\right)-\right.$$

$$\left.a_2EJ\left(\frac{1}{K'_1}+\frac{1}{K'_2}\right)\right]-$$

$$V_0\left[\frac{(H_1+H_2)J}{F}+\frac{L_a^3+L'^3_a}{3}+H_1a_1^2+H_2a_2^2+\right.$$

$$\left.a_1^2EJ\left(\frac{1}{K_1}+\frac{1}{K_2}\right)+a_2^2EJ\left(\frac{1}{K'_1}+\frac{1}{K'_2}\right)\right]=$$

$$-p_0\left[\frac{H_2J}{F}+\frac{L'^3_a}{3}+H_2a_2^2+a_2EJ\left(\frac{1}{K'_1}+\frac{1}{K'_2}\right)\right]-$$

$$q_0\left[\frac{H_2}{2}(L_2^2+2a_2L_2+a_2H_2)+\frac{a_2H_2EJ}{K'_2}\right]+$$

$$q_1\left[\frac{y_1}{2}(L_1^2+2a_1L_1+a_1y_1)+\frac{a_1y_1EJ}{K_1}\right]-$$
$$q'_1\left[\frac{y'_1}{2}(L_2^2+2a_2L_2+a_2y'_1)+\frac{a_2y'_1EJ}{K'_2}\right] \tag{2-85}$$

在上述求解热胀侧向位移的迭代方程组中,中间支架处的位移和其余支架处的轴向位移都是做为已知值利用的,它们的迭代方程为

$$u_0=\alpha TL_a-\sum_{j=1}^{n_1}\frac{q_j(L_a-x_j)}{EF}-$$
$$q_1\left[\frac{L_1H_1y_1}{EJ}+\frac{y_1^2}{6EJ}(3H_1-y_1)+\frac{y_1H_1}{K_2}\right]+$$
$$V_0\left[\frac{H_1}{2EJ}(L_1^2+2a_1L_1+a_1H_1)+\frac{a_1H_1}{K_2}\right]-$$
$$X_0\left[\frac{L_a}{EF}+\frac{H_1^2}{3EJ}(3L_1+H_1)+\frac{H_1^2}{K_2}\right]-$$
$$M_z\left[\frac{H_1}{2EJ}(2L_1+H_1)+\frac{H_1}{K_2}\right]-$$
$$\sum_{j=1}^{n}\frac{p_j(L_a-x_j)^2H_1}{2EJ} \tag{2-86}$$

$$v_0=\alpha TH_1+X_0\left[\frac{H_1}{2EJ}(L_1^2+2a_1L_1+a_1H_1)+\frac{a_1H_1}{K_2}\right]+$$
$$M_z\left[\frac{L_a^2+2a_1H_1}{2EJ}+a_1\left(\frac{1}{K_1}+\frac{1}{K_2}\right)\right]-$$
$$V_0\left[\frac{H_1}{EF}+\frac{L_a^2}{3EJ}+\frac{a_1^2H_1}{EJ}+a_1^2\left(\frac{1}{K_1}+\frac{1}{K_2}\right)\right]+$$
$$q_1\left[\frac{y_1}{2EJ}(L_1^2+2a_1L_1+a_1y_1)+\frac{a_1y_1}{K_2}\right]+$$
$$\frac{p_1y_1}{EF}+\sum_{j=1}^{n_1}\frac{p_j(L_a-x_j)^2}{6EJ}[3L_a-(L_a-x_j)] \tag{2-87}$$

$$u_1=\alpha TL_1-\sum_{j=1}^{n_1}\frac{q_j(L_a-x_j)}{EF}-$$

$$q_1\left(\frac{L_1y_1^2}{EJ}+\frac{y_1^3}{3EJ}+\frac{y_1^2}{K_2}\right)+$$

$$V_0\left[\frac{y_1}{2EJ}(L_1^2+2a_1L_1+a_1y_1)+\frac{a_1y_1}{K_2}\right]-$$

$$X_0\left[\frac{L_1}{EF}+\frac{y_1^2}{6EJ}(3H_1-y_1)+\frac{H_1L_1y_1}{EJ}+\frac{H_1y_1}{K_2}\right]-$$

$$M_z\left(\frac{y_1^2}{2EJ}+\frac{L_1y_1}{EJ}+\frac{y_1}{K_2}\right)-\sum_{j=1}^{n_1}\frac{p_j(L_a-x_j)^2y_1}{2EJ} \tag{2-88}$$

$$u_i=\left(\alpha T-\frac{X_0}{EF}-\frac{1}{EF}\sum_{j=1}^{i}q_j\right)(L_a-x_i)-$$

$$\frac{1}{EF}\sum_{j=i+1}^{n_1}q_j(L_a-x_j)\qquad(i=2,3,\cdots,n_1) \tag{2-89}$$

$$u'_1=\alpha TL_2-\sum_{j=1}^{n_2}\frac{q'_j(L'_a-x'_j)}{EF}-$$

$$q'_1\left(\frac{L_2y'^2_1}{EJ}+\frac{y'^3_1}{3EJ}+\frac{y'^2_1}{K'_2}\right)+$$

$$V_0\left[\frac{y'_1}{2EJ}(L_2^2+2a_2L_2+a_2y'_1)+\frac{a_2y'_1}{K_2}\right]-$$

$$X'_0\left[\frac{L_2}{EF}+\frac{y'^2_1}{6EJ}(3H_2-y'_1)+\frac{H_2L_2y'_1}{EJ}+\frac{H_2y'_1}{K'_2}\right]-$$

$$M_z\left(\frac{y'^2_1}{2EJ}+\frac{L_2y'_1}{EJ}+\frac{y'_1}{K'_2}\right)-\sum_{j=1}^{n_2}\frac{p'_j(L'_a-x'_j)^2y'_1}{2EJ} \tag{2-90}$$

$$u'_i=\left(\alpha T-\frac{X'_0}{EF}-\frac{1}{EF}\sum_{j=1}^{i}q'_j\right)(L'_a-x'_i)-$$

$$\frac{1}{EF}\sum_{j=i+1}^{n_2}q'_j(L'_a-x'_j)\qquad(i=2,3,\cdots,n_2) \tag{2-91}$$

以上各方程中

$$L_a=L_1+a_1\qquad L'_a=L_2+a_2$$

其中，K_1，K_2 分别为右半部分两个弯头的抗弯刚度；K'_1，K'_2 分别为左半部分两个弯头的抗弯刚度。

根据求得的管系的支架反力，选取适当的轴向位移值做为迭代初值，利用方程(2-79)～(2-85)迭代求解管系的横向位移，然后利用方程(2-86)～(2-91)检验轴向位移的合理性以决定是否进行大循环迭代，直到收敛为止。

类似于§2.5中关于轴向位移近似解的分析，不对称“U”形管道轴向位移的近似解为

$$u_0 \approx \alpha T(L_1 - L_2) + \sum_{j=1}^{n_1} \frac{f_j(L_a - x_j)}{EF} - \sum_{j=1}^{n_2} \frac{f'_j(L'_a - x'_j)}{EF}$$

$$v_0 \approx \frac{\alpha T(H_1 + H_2)}{2}$$

$$u_1 \approx u_0 + \alpha T\left[L_1 + \frac{y_1}{H_1}(L_1 + a_1)\right] - \frac{1}{EF}\sum_{j=1}^{n_1} f_j(L_a - x_j)\left(1 - \frac{y_1}{H_1}\right)$$

$$u_i \approx \alpha T(L_a - x_i) - \frac{1}{EF}\sum_{j=1}^{i} f_j(L_a - x_i) - \frac{1}{EF}\sum_{j=i+1}^{n_1} f_j(L_a - x_j) \qquad (j = 2, 3, \cdots, n_1)$$

$$u'_1 \approx -u_0 + \alpha T\left[L_2 + \frac{y'_1}{H_2}(L_2 + a_2)\right] - \frac{1}{EF}\sum_{j=1}^{n_2} f'_j(L'_a - x'_j)\left(1 - \frac{y'_1}{H_2}\right)$$

$$u'_i \approx \alpha T(L'_a - x'_i) - \frac{1}{EF}\sum_{j=1}^{i} f'_j(L'_a - x'_i) - \frac{1}{EF}\sum_{j=i+1}^{n_2} f'_j(L'_a - x'_j) \qquad (i = 2, 3, \cdots, n_2)$$

而弹簧系数的迭代初值取为

$$\zeta_i = \frac{f_i}{u_i} \qquad (i = 1, 2, \cdots, n_1)$$

$$\zeta'_i = \frac{f'_i}{u'_i} \qquad (i = 1,2,\cdots,n_2)$$

例 2.5 考察图 2-13 所示的不对称"U"形蒸汽管道。已知：$D_w = 63$ cm，$t = 0.9$ cm，$R = 90$ cm，$W = 3.2$ kN/m，$T = 320$ ℃，$\alpha = 0.000\,012$ ℃$^{-1}$，$E = 200$ GPa，$\mu = 0.3$。支架设置和尺寸在图中标注，图中的长度单位为 m。计算热胀位移和支架摩擦力分量。

解 为了方便起见，支架号从一端开始顺序排号，如图中所示。

各支架处的反力为

$$N_1 = 34.95\ \text{kN} \qquad N_2 = 36.26\ \text{kN}$$
$$N_3 = 23.27\ \text{kN} \qquad N_4 = 28.19\ \text{kN}$$
$$N_5 = 25.53\ \text{kN} \qquad N_6 = 17.33\ \text{kN}$$
$$N_7 = 31.86\ \text{kN} \qquad N_8 = 23.62\ \text{kN}$$

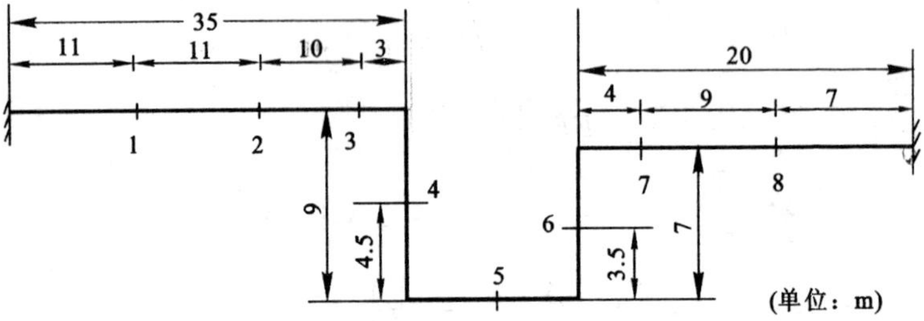

图 2-13 例 2.5 之管系结构图

迭代 5 次的收敛结果如表 2.7 所示。

表 2.7

支架号	μ/cm	v/cm	ζ/(N·cm^{-1})	p/kN	q/kN
1	4.208	0.695	246 1.4	1.623	10.358
2	8.420	1.927	125 9.3	2.426	10.603
3	12.251	1.885	563.28	1.062	6.901

续表

支架号	μ/cm	v/cm	$\zeta/(\mathrm{N\cdot cm^{-1}})$	p/kN	q/kN
4	5.590	−0.474	150 7.7	−0.715	8.428
5	−0.552	−2.929	250 9.7	−7.527	−1.419
6	3.496	−1.733	133 2.2	−2.309	4.657
7	6.129	0.143	155 9.1	0.222	9.556
8	2.681	0.189	263 6.5	0.497	7.068

§2.7 使用程序的说明与算例分析

前面讨论了变弹簧系数迭代法用于计算“L”形和“U”形水平架空热力管道的热胀位移和支架摩擦力分量的基本思想和具体步骤。这种分析方法可以推广到一般的架空热力管道系统。

但是从前面的分析中可以看出，尽管变弹簧系数迭代法用于计算考虑支架摩擦力时架空热力管道系统的热胀位移和内力的基本原理和分析方法是易于理解的，但具体应用却很复杂，计算工作量非常大，特别是对于不同形式的管道系统，必须推导相应的计算方程式，很难找到比较规律性的方程，于是即使是借助于计算机求解，也只能一种形式的管系编制一个计算程序，不能适用工程设计的需要。我们从科学研究的角度出发，把前述四种形式的管道系统的计算方程式编制成一个程序，称之为“架空热力管道热胀分析解析程序”。经例算证明，这一程序使用方便，收敛迅速，计算结果正确。由于本程序属于解析的近似解，所以可以为以后研究架空热力管道热胀分析的通用计算程序提供检验工具。

2.7.1 程序的基本结构和主要功能

本程序是为计算平面内对称和不对称的“L”形和“U”形架空热力管道的热胀位移和支架摩擦力分量而设计的。对于其他形式的管道需要设计新的计算程序。在管道形式限制下，本程序考虑了不同摩擦系数、管道内压以及风载对管道位移的影响。考虑到工程实际中管道形式的复杂多样性，用前述分析方法处理较为困难，还应为工程设计提供通用的计算程序。

本程序实际是前述分析方法和计算方程式的计算机语言化。其计算步骤与前面的讨论一致。程序的基本结构如图 2-14 所示。

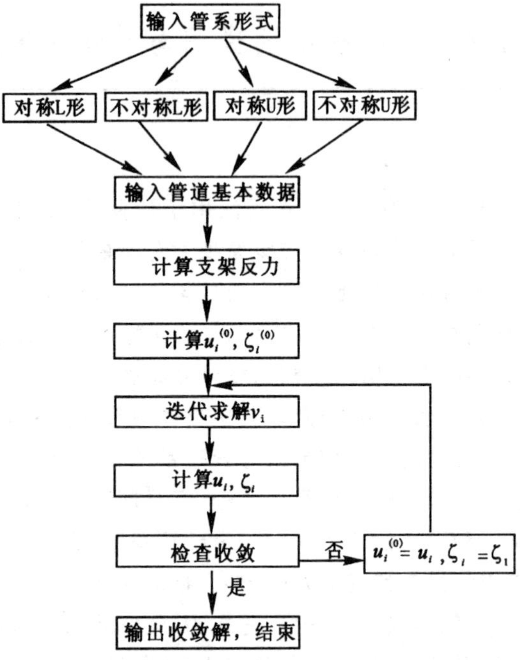

图 2-14 架空热力管道热胀分析解析程序基本结构图

2.7.2 算例分析

例 2.6 考虑图 2-3 所示对称"L"形管道，分析摩擦系数和管道内压对热胀位移的影响。经解析程序计算，结果整理如下。

(1) 摩擦系数变化对轴向位移的影响：

(内压 $p=0$ Pa，位移单位：cm)

μ	0.00	0.10	0.15	0.20	0.25	0.30
u_0	12.638	12.633	12.630	12.628	12.625	12.623
u_1	10.953	10.948	10.946	10.943	10.941	10.938
u_2	5.477	5.473	4.472	5.470	5.469	5.467

(2) 摩擦系数变化对侧向位移的影响：

(内压 $p=0$ Pa，位移单位：cm)

μ	0.00	0.10	0.15	0.20	0.25	0.30
v_0	12.638	12.633	12.630	12.628	12.625	12.623
v_1	10.791	10.612	10.533	10.457	10.384	10.313
v_2	3.753	3.412	3.259	3.114	2.977	2.847

(3) 摩擦系数变化对支架摩擦力分量的影响：

(内压 $p=0$ Pa，摩擦力单位：kN)

		1	2
$\mu=0.10$	q	2.266	3.716
	p	2.196	2.316
$\mu=0.15$	q	3.411	5.643
	p	3.282	3.361
$\mu=0.20$	q	4.563	7.610
	p	4.360	4.332

续表

		1	2
$\mu=0.25$	q	5.722	9.614
	p	5.431	5.234
$\mu=0.30$	q	6.888	11.65
	p	6.495	6.067

由表中可以看出，摩擦系数变化使支架摩擦力有较大改变，但对轴向位移影响甚小，对侧向位移有一定影响，但由于支架较少，升温较高，这种影响也不太显著。

(4) 管道内压变化对热胀位移的影响：

($\mu=0.1$；压力单位：kgf/cm^2(9.8×10^4 Pa)；位移单位：cm)

压力	u_0、v_0	u_1	u_2	v_1	v_2
0	12.63	10.95	5.47	10.61	3.41
10	12.74	11.04	5.52	10.78	3.52
20	12.84	11.13	5.56	10.93	3.62
30	12.95	11.22	5.61	11.08	3.72
40	13.05	11.31	5.66	11.23	3.81
50	13.16	11.40	5.70	11.37	3.89
60	13.26	11.49	5.75	11.51	3.97
70	13.37	11.58	5.79	11.65	4.05
80	13.47	11.68	5.84	11.78	4.13
90	13.58	11.77	5.88	11.91	4.20
100	13.68	11.86	5.93	12.04	4.27
200	14.73	12.77	6.38	13.24	4.90

由表中可以看出，管道内压变化对热胀位移影响不大，对于一般的中低压管线可以不考虑这种影响，而单独验算管道的内压应

力。对于高压管线，应把内压对热胀位移的影响因素考虑进去。

例 2.7 考虑图 2-4 所示对称“L”形管道，分析摩擦系数和管道内压对热胀位移的影响。经解析程序计算结果整理如下。

(1) 摩擦系数变化和内压变化对轴向位移的影响：

(压力单位：kgf/cm²(9.8×10⁴ Pa)；位移单位：cm)

压力	$p=0.0$ $\mu=0.0$	$p=0.0$ $\mu=0.1$	$p=0.0$ $\mu=0.2$	$p=0.0$ $\mu=0.3$	$p=20$ $\mu=0.3$	$p=40$ $\mu=0.3$	$p=60$ $\mu=0.3$	$p=80$ $\mu=0.3$	$p=100$ $\mu=0.3$
1	24.48	24.35	24.22	24.10	25.15	26.21	27.26	28.32	29.37
2	22.44	22.31	22.19	22.06	23.03	24.00	24.97	25.93	26.90
3	20.40	20.27	20.15	20.04	20.91	21.79	22.67	23.55	24.43
4	18.26	18.24	18.13	18.01	18.80	19.59	20.39	21.18	21.97
5	16.32	16.21	16.10	16.00	16.70	17.40	18.10	18.81	19.51
6	14.28	14.18	14.08	13.98	14.59	15.21	15.82	16.44	17.06
7	12.24	12.15	12.06	11.97	12.49	13.02	13.55	14.08	14.61
8	10.20	10.12	10.04	9.96	10.40	10.84	11.28	11.72	12.16
9	8.16	8.09	8.03	7.96	8.31	8.66	9.02	9.37	9.72
10	6.12	6.07	6.01	5.96	6.23	6.49	6.75	7.02	7.28
11	4.08	4.04	4.01	3.97	4.15	4.32	4.50	4.67	4.85
12	2.04	2.02	2.00	1.98	2.07	2.16	2.25	2.34	2.42

(2) 摩擦系数和内压变化对侧向位移的影响：

(压力单位：kgf/cm²(9.8×10⁴ Pa)；位移单位：cm)

	$p=0.0$ $\mu=0.0$	$p=0.0$ $\mu=0.1$	$p=0.0$ $\mu=0.2$	$p=0.0$ $\mu=0.3$	$p=20$ $\mu=0.3$	$p=40$ $\mu=0.3$	$p=60$ $\mu=0.3$	$p=80$ $\mu=0.3$	$p=100$ $\mu=0.3$
1	24.48	22.25	21.37	20.74	22.24	23.63	24.93	26.19	27.40
2	23.30	14.03	11.63	10.10	11.63	12.97	14.18	15.34	16.42
3	21.25	6.96	4.32	2.89	3.82	4.62	5.36	6.08	6.74
4	18.84	2.31	0.46	−0.30	0.05	0.37	0.66	0.95	¥1.23

续表

	$p=0.0$ $\mu=0.0$	$p=0.0$ $\mu=0.1$	$p=0.0$ $\mu=0.2$	$p=0.0$ $\mu=0.3$	$p=20$ $\mu=0.3$	$p=40$ $\mu=0.3$	$p=60$ $\mu=0.3$	$p=80$ $\mu=0.3$	$p=100$ $\mu=0.3$
5	16.16	−0.04	−0.84	−0.98	−0.94	−0.91	−0.88	−0.84	−0.80
6	13.36	−0.82	−0.85	−0.67	−0.74	−0.81	−0.86	−0.92	−0.96
7	10.53	−0.78	−0.48	−0.27	−0.33	−0.39	−0.44	−0.50	−0.55
8	7.82	−0.48	−0.16	−0.04	−0.07	−0.09	−0.12	−0.15	−0.18
9	5.32	−0.20	−0.01	0.03	0.02	0.02	0.01	0.00	−0.01
10	3.17	−0.04	0.03	0.02	0.02	0.03	0.03	0.03	0.29
11	1.49	0.01	0.02	0.01	0.01	0.01	0.01	0.01	0.16
12	0.39	0.01	0.00	0.00	0.00	0.00	0.00	0.00	0.00

由以上两表可以看出，摩擦系数变化对轴向位移影响不大，内压改变对长距离管道有一定影响，应予考虑。对于侧向位移，当考虑摩擦力影响时，即使是较小的摩擦系数，与无摩擦状态相比，侧向位移也发生了根本性的变化。尽管摩擦系数变化时，侧向位移的变化也较明显，但与从无摩擦状态到有摩擦状态的突变比较，其敏感性显著降低。由此可见，支架摩擦力对侧向位移的约束作用是较大的。另外，内压改变时侧向位移的变化要较轴向位移的变化明显，但总的影响并不太大，对于不太长的管道可以不予考虑。

第三章

架空热力管道系统结构分析的有限元迭代法

本章提要

本章论述了架空热力管道系统结构分析的一种新方法——有限元迭代法的基本思想和计算方法，该方法把变弹簧系数迭代法和有限单元法有机地结合起来，既能考虑到支架摩擦力对管系热胀位移和应力的影响，又能分析任意复杂的架空管系。同时，还就专用于计算三维架空热力管道系统热胀位移和应力的结构分析通用程序——“高级架空热力管道系统结构分析程序(AOPAP)”的设计和在工程中的应用进行了讨论。

§3.1　引　　言

对于架空热力管道系统，由于支架处摩擦力的存在，使得求解管系的热胀位移和支架处的摩擦力成为非线性问题。在前一章中，我们已用变弹簧系数迭代法对简单的平面内“L”形和“U”形管道进行了分析计算，但很明显地，这种解析方法的局限性很大。由于工程实际中管道形式的复杂性，特别是对于分支管系，我们很难用这种解析方法求解。另一方面，有限单元法可以用于计算任意复杂形式的管道系统，但却难以处理管道与支架间的摩擦约束。为此，我们把变弹簧系数迭代法与有限单元法有机的结合起来，得到一种架空热力管道系统结构分析的新方法——有限元迭代法，它既能考虑支架摩擦力对管系热胀位移和应力的影响，又可以分析任意复杂的架空管系。为了满足工程实际的需要，我们研制了专用于计算架空热力管道系统热胀位移和应力的计算机程序——“高级架空热力管道系统结构分析程序(AOPAP)”，经实际应用和小型结构试验验证，我们的方法和应用程序能更准确地反映管道的实际情况，可供设计人员参考使用，提高设计质量及其可靠性。

§3.2　有限元迭代法的基本原理

根据有限单元法，我们把一个架空热力管道系统划分有限个单元，建立每个单元的作用力与变形之间的关系式，利用单元间的平衡条件和变形协调条件，建立整个管系的有限元方程：

$$\boldsymbol{KD}=\boldsymbol{F} \tag{3-1}$$

其中，$\boldsymbol{K}$ 为管系的总体刚度矩阵；

$\boldsymbol{D}$ 为管系的结点位移分量列阵；

$\boldsymbol{F}$ 为管系的结点作用力分量列阵。

方程(3-1)的求解必须考虑管系统结构的边界条件(约束条件)。一般情况下，在位移已知的边界上(如固定约束或支架沉陷等)的作用力(约束力)是未知的，而在作用力已知的边界上的位移为待定量，于是方程(3-1)中的位移分量列阵 $\boldsymbol{D}$ 和作用分量列阵 $\boldsymbol{F}$ 可写成如下形式：

$$\boldsymbol{D}=\begin{bmatrix}\boldsymbol{D}_{\mathrm{T}}\\ \boldsymbol{D}_{u}\end{bmatrix} \tag{3-2}$$

$$\boldsymbol{F}=\begin{bmatrix}\boldsymbol{F}_{\mathrm{T}}\\ \boldsymbol{F}_{\mathrm{u}}\end{bmatrix} \tag{3-3}$$

其中，$\boldsymbol{D}_{\mathrm{T}}$ 和 $\boldsymbol{F}_{\mathrm{T}}$ 分别表示在已知作用力的边界上的位移和作用力分量列阵；$\boldsymbol{D}_{\mathrm{u}}$ 和 $\boldsymbol{F}_{\mathrm{u}}$ 分别表示在已知位移的边界上的位移和作用力分量列阵。$\boldsymbol{D}_{\mathrm{u}}$ 和 $\boldsymbol{F}_{\mathrm{T}}$ 为已知量，$\boldsymbol{D}_{\mathrm{T}}$ 和 $\boldsymbol{F}_{\mathrm{u}}$ 为待求量。

对方程(3-1)进行初等变换，可得到

$$\begin{bmatrix}\boldsymbol{K}_{11} & \boldsymbol{K}_{12}\\ \boldsymbol{K}_{21} & \boldsymbol{K}_{22}\end{bmatrix}\begin{bmatrix}\boldsymbol{D}_{\mathrm{T}}\\ \boldsymbol{D}_{\mathrm{u}}\end{bmatrix}=\begin{bmatrix}\boldsymbol{F}_{\mathrm{T}}\\ \boldsymbol{F}_{\mathrm{u}}\end{bmatrix} \tag{3-4}$$

方程(3-4)的展开形式为

$$\boldsymbol{K}_{11}\boldsymbol{D}_{\mathrm{T}}+\boldsymbol{K}_{12}\boldsymbol{D}_{\mathrm{u}}=\boldsymbol{F}_{\mathrm{T}} \tag{3-5}$$

$$\boldsymbol{K}_{21}\boldsymbol{D}_{\mathrm{T}}+\boldsymbol{K}_{22}\boldsymbol{D}_{\mathrm{u}}=\boldsymbol{F}_{\mathrm{u}} \tag{3-6}$$

由(3-5)式可得到未知的结点位移分量

$$\boldsymbol{D}_{\mathrm{T}}=\boldsymbol{K}_{11}^{-1}(\boldsymbol{F}_{\mathrm{T}}-\boldsymbol{K}_{12}\boldsymbol{D}_{\mathrm{u}}) \tag{3-7}$$

然后代入式(3-6)，解出未知的结点作用力分量

$$\boldsymbol{F}_{\mathrm{u}}=\boldsymbol{K}_{21}\boldsymbol{K}_{11}^{-1}(\boldsymbol{F}_{\mathrm{T}}-\boldsymbol{K}_{12}\boldsymbol{D}_{\mathrm{u}})+\boldsymbol{K}_{22}\boldsymbol{D}_{\mathrm{u}} \tag{3-8}$$

这样，问题便得到解决。

从上述分析中可以看出，方程(3-1)的求解要求严格的边界条件：未知位移边界上作用力必须已知，未知作用力的边界上位移必须限定。对于架空热力管道系统，由于滑动支架处管道与支架间的摩擦约束，使得在约束处的位移和摩擦力都是未知量，不能建立如式(3-4)那样的方程直接求解。为了计算考虑支架摩擦力时架空热力管道系统的热胀位移和支架摩擦力，我们利用变弹簧系数迭代法的基本理论，建立摩擦约束处摩擦力与位移间的关系，然后进行迭代求解。

注意到在摩擦约束处管道所受的作用力包括支架反力和管道与支架间的摩擦力，根据第二章的基本假设，摩擦力 $\boldsymbol{f}$ 和支架反力 $\boldsymbol{N}$ 之间存在关系：

$$\boldsymbol{f} = \mu \boldsymbol{N} \tag{3-9}$$

其中，μ 为摩擦系数，而摩擦力 $\boldsymbol{f}$ 与约束处的位移矢量 $\boldsymbol{u}$ 之间存在关系：

$$\boldsymbol{f} = -\zeta \boldsymbol{u} \tag{3-10}$$

这里的 ζ 为比例系数。如果我们把方程(3-1)中结点作用力分量列阵 $\boldsymbol{F}$ 分成两部分，不妨记成：

$$\boldsymbol{F} = \boldsymbol{F}_0 + \boldsymbol{F}_{\mathrm{f}} \tag{3-11}$$

其中，$\boldsymbol{F}_0$ 为不考虑支架摩擦力时的结点作用力分量列阵；$\boldsymbol{F}_{\mathrm{f}}$ 为由于管系在摩擦约束处的摩擦力产生的结点作用力分量列阵，则方程(3-1)可写成：

$$\boldsymbol{KD} = \boldsymbol{F}_0 + \boldsymbol{F}_{\mathrm{f}} \tag{3-12}$$

显然，管系无摩擦解的有限元方程为

$$\boldsymbol{KD}_0 = \boldsymbol{F}_0 \tag{3-13}$$

由方程(3-13)可以确定出支架反力 N 和位移的无摩擦解。$\boldsymbol{D}_0$ 选取适当的位移迭代初值 $\boldsymbol{D}^0$，由式(3-9)和式(3-10)可以得到支架的近似值 $\boldsymbol{F}_{\mathrm{f}}^0$，根据方程(3-12)求解新的结点位移 $\boldsymbol{D}^1$，再重复上述过程，得到一系列迭代解，$\boldsymbol{D}^2$，$\boldsymbol{D}^3$，…，直到收敛为止，最后的收敛解便是方程(3-12)的解。这样便可解得考虑支架摩擦力时架空热力管道系统的热胀位移分量、支架摩擦力分量、内分力量和应力分量。

§3.3　架空热力管道系统的单元分析

用有限单元法进行结构分析的第一步是把结构离散化。考虑到管系结构的特点，一个架空热力管道系统，一般可分成若干个直管单元和弯管单元，以及支吊架，球形补偿器、套筒补偿器等特殊元件。下面先简要讨论直管单元和弯管单元。

3.3.1　空间直管单元刚度矩阵

考察图 3-1 所示的空间直管单元，建立局部坐标系 $ixyz$，单元

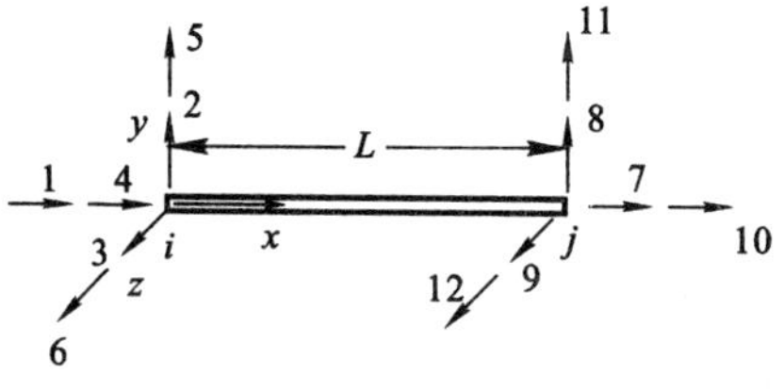

图 3-1　空间直管单元

的结点自由度为 6，包括 3 个线位移分量和 3 个角位移分量，单元的结点作用力为 3 个作用力分量，2 个严曲力矩分量和 1 个扭转力矩分量，即有

$$\boldsymbol{D}^e=[u_i \quad v_i \quad w_i \quad \theta_{xi} \quad \theta_{yi} \quad \theta_{zi} \quad u_j \quad v_j \quad w_j \quad \theta_{xj} \quad \theta_{yj} \quad \theta_{zj}]^{\mathrm{T}}$$

$$\boldsymbol{F}^e=[X_i \quad Y_i \quad Z_i \quad M_{xi} \quad M_{yi} \quad M_{zi} \quad X_j \quad Y_j \quad Z_j \quad M_{xj} \quad M_{yj} \quad M_{zj}]^{\mathrm{T}}$$

$\boldsymbol{D}^e$，$\boldsymbol{F}^e$ 分别为空间直管单元结点位移和结点力分量列阵，它们之间存在关系

$$\boldsymbol{F}^e = \boldsymbol{K}^e\boldsymbol{D}^e \tag{3-14}$$

式中，$\boldsymbol{K}^e$ 称为单元刚度矩阵。

3.3.1.1　结点柔度矩阵

为了求出空间直管单元的单元刚度矩阵，先令 j 点固定，在 i 点作用力为(图 3-2)

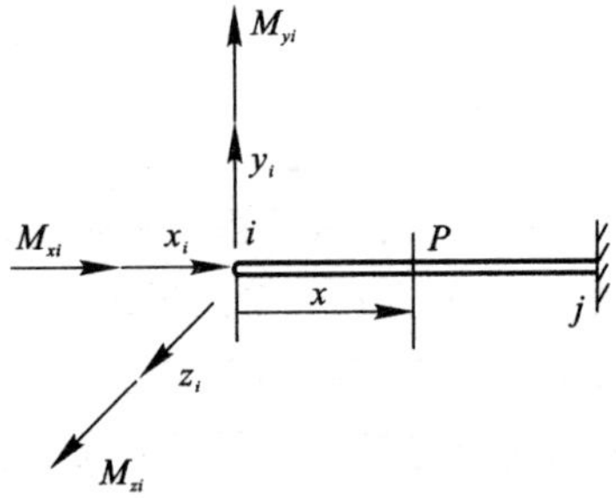

图 3-2

$$\boldsymbol{F}_i = [X_i \quad Y_i \quad Z_i \quad M_{xi} \quad M_{yi} \quad M_{zi}]^{\mathrm{T}}$$

则可求出 i 点的位移：

$$\boldsymbol{D}_i = [u_i \quad v_i \quad w_i \quad \theta_{xi} \quad \theta_{yi} \quad \theta_{zi}]^{\mathrm{T}}$$

满足关系

$$\boldsymbol{D}_i = \boldsymbol{f}_{ii}\boldsymbol{F}_i \tag{3-15}$$

式中，$\boldsymbol{f}_{ii}$为 i 点的柔度矩阵。

考察单元上 P 点处的内力

$$\boldsymbol{N}_P = \begin{bmatrix} N_{(x)} \\ Q_{(x)} \\ V_{(x)} \\ M_{\mathrm{Q}(x)} \\ M_{\mathrm{V}(x)} \end{bmatrix} = \begin{bmatrix} 1 & 0 & 0 & 0 & 0 & 0 \\ 0 & 1 & 0 & 0 & 0 & 0 \\ 0 & 0 & 1 & 0 & 0 & 0 \\ 0 & 0 & 0 & 1 & 0 & 0 \\ 0 & 0 & x & 0 & 1 & 0 \\ 0 & -x & 0 & 0 & 0 & 1 \end{bmatrix} \begin{bmatrix} x_i \\ y_i \\ z_i \\ M_{xi} \\ M_{yi} \\ M_{zi} \end{bmatrix}$$

简记为

$$\boldsymbol{N}_P = \boldsymbol{T}_{Pi}\boldsymbol{F}_i \tag{3-16}$$

其中，N 为 P 点处截面上的轴力；

Q 为 P 点处截面上沿 y 方向的剪力；

V 为 P 点处截面上沿 z 方向的剪力；

M_{T} 为 P 点处截面上所受的扭矩；

M_{Q} 为 P 点处截面上沿 y(zx 平面内)的弯矩；

M_{V} 为 P 点处截面上沿 z(xy 平面内)的弯矩；

$\boldsymbol{P}_{Pi}$为由 i 点到 P 点力的传递矩阵。

记 $\boldsymbol{f}_{ii}=(f_{mn})_{6\times 6}$，我们用单元载荷法确定柔度矩阵元素 f_{mn}。

根据柔度矩阵元素的物理意义，单位载荷法求柔度矩阵的元素 f_{mn}的表达式为

$$f_{mn}=\int_L \frac{N_m N_n}{EA}\mathrm{d}l+\int_L \frac{\alpha Q_m Q_n}{GA}\mathrm{d}l+\int_L \frac{\alpha V_m V_n}{GA}\mathrm{d}l+\int_L \frac{M_{\mathrm{T}m} M_{\mathrm{T}n}}{GJ_{\mathrm{p}}}\mathrm{d}l+\int_L \frac{M_{\mathrm{Q}m} M_{\mathrm{Q}n}}{EJ}\mathrm{d}l+\int_L \frac{M_{\mathrm{V}m} M_{\mathrm{V}n}}{EJ}\mathrm{d}l \tag{3-17}$$

式中各力的定义与前相同。下标 m,n 代表结点作用力的第 m 个和第 n 个分量为 1，其它分量为 0 时所产生的内力值。α 为剪切系数，对于圆管 $\alpha=1.885$。

下面具体求 $\boldsymbol{f}_{ii}$中的各项元素。

由方程(3-16)可知，当结点作用力 $\boldsymbol{F}_i$ 的第一个量为 1，其他它分量为 0 时，即

$$\boldsymbol{F}_i^1=(1\quad 0\quad 0\quad 0\quad 0\quad 0)^{\mathrm{T}}$$

我们可求得 P 点截面上的内力为

$$\boldsymbol{N}_P^1=(1\quad 0\quad 0\quad 0\quad 0\quad 0)^{\mathrm{T}}$$

它对应于传递矩阵 $\boldsymbol{T}_{Pi}$的第一列。

类似地，当结点作用力 $\boldsymbol{F}_i$ 的第 m 个分量为 1，其他分量为 0 时，P 点截面上的内力 $\boldsymbol{N}_P^m$ 便与传递矩阵 $\boldsymbol{T}_{Pi}$的第 m 列相对应，从而有

$$\boldsymbol{T}_{Pi}=[\boldsymbol{N}_P^1\quad \boldsymbol{N}_P^2\quad \boldsymbol{N}_P^3\quad \boldsymbol{N}_P^4\quad \boldsymbol{N}_P^5\quad \boldsymbol{N}_P^6]=$$

$$\begin{bmatrix} 1 & 0 & 0 & 0 & 0 & 0 \\ 0 & 1 & 0 & 0 & 0 & 0 \\ 0 & 0 & 1 & 0 & 0 & 0 \\ 0 & 0 & 0 & 1 & 0 & 0 \\ 0 & 0 & x & 0 & 1 & 0 \\ 0 & -x & 0 & 0 & 0 & 1 \end{bmatrix}$$

于是可根据式(3-17)确定 i 点柔度矩阵的各元素为

$$\boldsymbol{f}_{ii} = \begin{bmatrix} \frac{L}{EA} & 0 & 0 & 0 & 0 & 0 \\ 0 & \frac{L^3}{3EJ}+\frac{\alpha L}{GA} & 0 & 0 & 0 & -\frac{L^2}{2EJ} \\ 0 & 0 & \frac{L^3}{3EJ}+\frac{\alpha L}{GA} & 0 & \frac{L^2}{2EJ} & 0 \\ 0 & 0 & 0 & \frac{L}{GJ_P} & 0 & 0 \\ 0 & 0 & \frac{L^2}{2EJ} & 0 & \frac{L}{EJ} & 0 \\ 0 & -\frac{L^2}{2EJ} & 0 & 0 & 0 & \frac{L}{EJ} \end{bmatrix} \tag{3-18}$$

记 $\phi=\frac{12\alpha EJ}{GAL^2}$，便有

$$
f_{ii}=\begin{bmatrix}
\frac{L}{EA} & 0 & 0 & 0 & 0 & 0\\
0 & \frac{L^3}{3EJ}\left(1+\frac{\phi}{4}\right) & 0 & 0 & 0 & -\frac{L^2}{2EJ}\\
0 & 0 & \frac{L^3}{3EJ}\left(1+\frac{\phi}{4}\right) & 0 & \frac{L^2}{2EJ} & 0\\
0 & 0 & 0 & \frac{L}{GJ_P} & 0 & 0\\
0 & 0 & \frac{L^2}{2EJ} & 0 & \frac{L}{EJ} & 0\\
0 & -\frac{L^2}{2EJ} & 0 & 0 & 0 & \frac{L}{EJ}
\end{bmatrix}
\tag{3-18$'$}
$$

类似地，固定结点 i，在 j 点作用 $\boldsymbol{F}_j$，可求得 j 点的柔度矩阵为

$$
f_{jj}=\begin{bmatrix}
\frac{L}{EA} & 0 & 0 & 0 & 0 & 0\\
0 & \frac{L^3}{3EJ}\left(1+\frac{\phi}{4}\right) & 0 & 0 & 0 & \frac{L^2}{2EJ}\\
0 & 0 & \frac{L^3}{3EJ}\left(1+\frac{\phi}{4}\right) & 0 & -\frac{L^2}{2EJ} & 0\\
0 & 0 & 0 & \frac{L}{GJ_P} & 0 & 0\\
0 & 0 & -\frac{L^2}{2EJ} & 0 & \frac{L}{EJ} & 0\\
0 & \frac{L^2}{2EJ} & 0 & 0 & 0 & \frac{L}{EJ}
\end{bmatrix}
\tag{3-19}
$$

3.3.1.2 结点作用力的传递和转换

由方程(3-16)，当固定 j 点，在 i 点作用 $\boldsymbol{F}_i$，则可知在 j 点处截

面上的内力为

$$\boldsymbol{N}_j = \boldsymbol{T}_{ji}\boldsymbol{F}_i$$

其中$\boldsymbol{T}_{ji}$为由 i 点到 j 点力的传递矩阵

$$\boldsymbol{T}_{ji} = \begin{bmatrix} 1 & 0 & 0 & 0 & 0 & 0 \\ 0 & 1 & 0 & 0 & 0 & 0 \\ 0 & 0 & 1 & 0 & 0 & 0 \\ 0 & 0 & 0 & 1 & 0 & 0 \\ 0 & 0 & L & 0 & 1 & 0 \\ 0 & -L & 0 & 0 & 0 & 1 \end{bmatrix} \tag{3-20}$$

显然，结点 j 的固端反力为

$$\boldsymbol{F}_j = -\boldsymbol{N}_j = -\boldsymbol{T}_{ji}\boldsymbol{F}_i = \boldsymbol{H}_{ji}\boldsymbol{F}_i \tag{3-21}$$

式中的$\boldsymbol{H}_{ji} = -\boldsymbol{T}_{ji}$为由 i 点到 j 点的作用力转换矩阵。即

$$\boldsymbol{H}_{ji} = \begin{bmatrix} -1 & 0 & 0 & 0 & 0 & 0 \\ 0 & -1 & 0 & 0 & 0 & 0 \\ 0 & 0 & -1 & 0 & 0 & 0 \\ 0 & 0 & 0 & -1 & 0 & 0 \\ 0 & 0 & -L & 0 & -1 & 0 \\ 0 & L & 0 & 0 & 0 & -1 \end{bmatrix} \tag{3-22}$$

同理可求出 j 点到 i 点的作用力转换矩阵为

$$\boldsymbol{H}_{ij} = \begin{bmatrix} -1 & 0 & 0 & 0 & 0 & 0 \\ 0 & -1 & 0 & 0 & 0 & 0 \\ 0 & 0 & -1 & 0 & 0 & 0 \\ 0 & 0 & 0 & -1 & 0 & 0 \\ 0 & 0 & L & 0 & -1 & 0 \\ 0 & -L & 0 & 0 & 0 & -1 \end{bmatrix} \tag{3-23}$$

转换矩阵$\boldsymbol{H}_{ji}$、$\boldsymbol{H}_{ij}$满足关系

$$\boldsymbol{H}_{ji}\boldsymbol{H}_{ij} = \boldsymbol{I} \tag{3-24}$$

3.3.1.3　单元刚度矩阵

在方程(3-14)中，记

$$\boldsymbol{D}^e = \begin{bmatrix} \boldsymbol{D}_i \\ \boldsymbol{D}_j \end{bmatrix}$$

$$\boldsymbol{F}^e = \begin{bmatrix} \boldsymbol{F}_i \\ \boldsymbol{F}_j \end{bmatrix}$$

则可把方程(3-14)写成下面的形式：

$$\begin{bmatrix} \boldsymbol{F}_i \\ \boldsymbol{F}_j \end{bmatrix} = \left[\begin{array}{c:c} \boldsymbol{K}_{ii} & \boldsymbol{K}_{ij} \\ \hdashline \boldsymbol{K}_{ji} & \boldsymbol{K}_{jj} \end{array}\right] \begin{bmatrix} \boldsymbol{D}_i \\ \boldsymbol{D}_j \end{bmatrix} \tag{3-25}$$

上式中，把单元刚度矩阵写成了分块矩阵的形式，$\boldsymbol{K}_{ii}$，$\boldsymbol{K}_{jj}$分别定义为结点 i，j 的刚度矩阵，$\boldsymbol{K}_{ij}$，$\boldsymbol{K}_{ji}$称为结点 i，j 的交叉刚度矩阵。

当 j 点固定时，$\boldsymbol{D}_j=0$，由方程(3-25)可得到

$$\boldsymbol{F}_i = \boldsymbol{K}_{ii}\boldsymbol{D}_i \tag{3-26}$$

$$\boldsymbol{F}_j = \boldsymbol{K}_{ji}\boldsymbol{D}_i \tag{3-27}$$

比较方程(3-26)和(3-15)，我们可知

$\boldsymbol{K}_{ii}=\boldsymbol{f}_{ii}^{-1}=$

$$\begin{bmatrix} \frac{EA}{L} & 0 & 0 & 0 & 0 & 0 \\ 0 & \frac{12EJ}{L^3(1+\phi)} & 0 & 0 & 0 & \frac{6EJ}{L^2(1+\phi)} \\ 0 & 0 & \frac{12EJ}{L^3(1+\phi)} & 0 & -\frac{6EJ}{L^2(1+\phi)} & 0 \\ 0 & 0 & 0 & \frac{GJ_p}{L} & 0 & 0 \\ 0 & 0 & -\frac{6EJ}{L^2(1+\phi)} & 0 & \frac{EJ(4+\phi)}{L(1+\phi)} & 0 \\ 0 & \frac{6EJ}{L^2(1+\phi)} & 0 & 0 & 0 & \frac{EJ(4+\phi)}{L(1+\phi)} \end{bmatrix} \tag{3-28}$$

由方程(3-21),(3-26)知

$$\boldsymbol{F}_j = \boldsymbol{H}_{ji}\boldsymbol{F}_i = \boldsymbol{H}_{ji}\boldsymbol{K}_{ii}\boldsymbol{D}_i$$

与方程(3-27)比较,易知

$$\boldsymbol{K}_{ji} = \boldsymbol{H}_{ji}\boldsymbol{K}_{ii} = \boldsymbol{H}_{ji}\boldsymbol{f}_{ii}^{-1}$$

求得

$$\boldsymbol{K}_{ji}=$$

$$\begin{bmatrix} -\frac{EA}{L} & 0 & 0 & 0 & 0 & 0 \\ 0 & -\frac{12EJ}{L^3(1+\phi)} & 0 & 0 & 0 & -\frac{6EJ}{L^2(1+\phi)} \\ 0 & 0 & -\frac{12EJ}{L^3(1+\phi)} & 0 & \frac{6EJ}{L^2(1+\phi)} & 0 \\ 0 & 0 & 0 & -\frac{GJ_{\mathrm{p}}}{L} & 0 & 0 \\ 0 & 0 & -\frac{6EJ}{L^2(1+\phi)} & 0 & \frac{EJ(2-\phi)}{L(1+\phi)} & 0 \\ 0 & \frac{6EJ}{L^2(1+\phi)} & 0 & 0 & 0 & \frac{EJ(2-\phi)}{L(1+\phi)} \end{bmatrix} \tag{3-29}$$

类似地,当 i 点固定时,我们可得到

$$\boldsymbol{K}_{jj}=\boldsymbol{f}_{jj}^{-1}=$$

$$\begin{bmatrix} \frac{EA}{L} & 0 & 0 & 0 & 0 & 0 \\ 0 & \frac{12EJ}{L^3(1+\phi)} & 0 & 0 & 0 & -\frac{6EJ}{L^2(1+\phi)} \\ 0 & 0 & \frac{12EJ}{L^3(1+\phi)} & 0 & \frac{6EJ}{L^2(1+\phi)} & 0 \\ 0 & 0 & 0 & \frac{GJ_p}{L} & 0 & 0 \\ 0 & 0 & \frac{6EJ}{L^2(1+\phi)} & 0 & \frac{EJ(4+\phi)}{L(1+\phi)} & 0 \\ 0 & -\frac{6EJ}{L^2(1+\phi)} & 0 & 0 & 0 & \frac{EJ(4+\phi)}{L(1+\phi)} \end{bmatrix} \tag{3-30}$$

$\boldsymbol{K}_{ij}=\boldsymbol{H}_{ij}\boldsymbol{K}_{jj}=$

$$\begin{bmatrix} -\frac{EA}{L} & 0 & 0 & 0 & 0 & 0 \\ 0 & -\frac{12EJ}{L^3(1+\phi)} & 0 & 0 & 0 & \frac{6EJ}{L^2(1+\phi)} \\ 0 & 0 & -\frac{12EJ}{L^3(1+\phi)} & 0 & -\frac{6EJ}{L^2(1+\phi)} & 0 \\ 0 & 0 & 0 & -\frac{GJ_p}{L} & 0 & 0 \\ 0 & 0 & \frac{6EJ}{L^2(1+\phi)} & 0 & \frac{EJ(2-\phi)}{L(1+\phi)} & 0 \\ 0 & -\frac{6EJ}{L^2(1+\phi)} & 0 & 0 & 0 & \frac{EJ(2-\phi)}{L(1+\phi)} \end{bmatrix} \tag{3-31}$$

从而得到空间直管单元的单元刚度矩阵为

$$\boldsymbol{K}^e = \begin{bmatrix} \boldsymbol{K}_{ii} & \boldsymbol{K}_{ij} \\ \boldsymbol{K}_{ji} & \boldsymbol{K}_{jj} \end{bmatrix} \tag{3-32}$$

3.3.2 圆弧曲线弯管单元的单元刚度矩阵

设一圆弧曲线弯管单元，其曲率中心点在 O 点，半径为 R，单元坐标系 $ixyz$，坐标原点在 i，x 轴在 i 点与弧线相切，y 轴过曲率中心点 O，z 轴按右手系确定(图 3-3)。

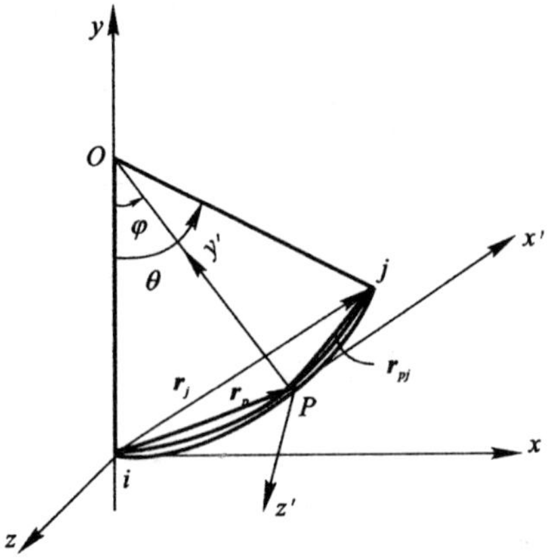

图 3-3　圆弧曲线弯管单元

根据前面的分析，为了求出单元刚度矩阵，先讨论结点柔度矩阵的导出。

固定结点 i，设 j 点的作用力为

$$\boldsymbol{F}_j = (X_j \quad Y_j \quad Z_j \quad M_{xj} \quad M_{yj} \quad M_{zj})^{\mathrm{T}}$$

为了求得 j 点的位移

$$\boldsymbol{D}_j = (u_j \quad v_j \quad w_j \quad \theta_{xj} \quad \theta_{yj} \quad \theta_{zj})^{\mathrm{T}}$$

应先用单位载荷法确定 j 点的柔度矩阵 $\boldsymbol{f}_{jj}$，而

$$\boldsymbol{D}_j = \boldsymbol{f}_{jj}\boldsymbol{F}_j$$

3.3.2.1　弯管截面上的内力

对于弯管上任一截面 P 建立坐标系 $Px'y'z'$(图 3-3)，$Px'y'$

z' 坐标系为由 $ixyz$ 系沿弯管绕 O 点旋转移动而得。考查由于 j 点的作用力 $\boldsymbol{F}_j$ 而在任意截面 P 处产生的内力。

首先考察矢径

$$\boldsymbol{r}_j = R\sin\theta\boldsymbol{i} + R(1-\cos\theta)\boldsymbol{j}$$

$$\boldsymbol{r}_P = R\sin\varphi\,\boldsymbol{i} + R(1-\cos\varphi)\boldsymbol{j}$$

则

$$\boldsymbol{r}_{Pj} = \boldsymbol{r}_j - \boldsymbol{r}_P = R(\sin\theta - \sin\varphi)\boldsymbol{i} + R(\cos\varphi - \cos\theta)\boldsymbol{j} \tag{3-33}$$

把 j 点力向 P 点传递，得到 P 点处的主矢和主矩

$$\boldsymbol{F}_P = \boldsymbol{F}_j = \boldsymbol{X}_j\boldsymbol{i} + \boldsymbol{Y}_j\boldsymbol{j} + \boldsymbol{Z}_j\boldsymbol{k}$$

$$\begin{aligned}\boldsymbol{M}_P &= \boldsymbol{M}_j + \boldsymbol{r}_{Pj}\times\boldsymbol{F}_j = \boldsymbol{M}_{xj}\boldsymbol{i} + \boldsymbol{M}_{yj}\boldsymbol{j} + \boldsymbol{M}_{zj}\boldsymbol{k} + \\ &\begin{vmatrix} \boldsymbol{i} & \boldsymbol{j} & \boldsymbol{k} \\ R(\sin\theta - \sin\varphi) & R(\cos\varphi - \cos\theta) & 0 \\ X_j & Y_j & Z_j \end{vmatrix} = \\ &[M_{xj} + Z_jR(\cos\varphi - \cos\theta)]\boldsymbol{i} + \\ &[M_{yj} + Z_jR(\sin\varphi - \sin\theta)]\boldsymbol{j} + \\ &[M_{zj} + X_jR(\cos\theta - \cos\varphi) + \\ &Y_jR(\sin\theta - \sin\varphi)]\boldsymbol{k}\end{aligned}$$

写成矩阵形式

$$\boldsymbol{F}_P = \boldsymbol{T}_{Pj}\boldsymbol{F}_j \tag{3-34}$$

其中，$\boldsymbol{T}_{Pj}$ 为由 j 点到 P 点力的传递矩阵

$$\boldsymbol{T}_{Pj} = \begin{bmatrix} 1 & 0 & 0 & 0 & 0 & 0 \\ 0 & 1 & 0 & 0 & 0 & 0 \\ 0 & 0 & 1 & 0 & 0 & 0 \\ 0 & 0 & R(\cos\varphi - \cos\theta) & 1 & 0 & 0 \\ 0 & 0 & R(\sin\varphi - \sin\theta) & 0 & 1 & 0 \\ R(\cos\theta - \cos\varphi) & R(\sin\theta - \sin\varphi) & 0 & 0 & 0 & 1 \end{bmatrix}$$

(3-35)

在 P 截面上定义内力

$$\boldsymbol{N}_P = (X'_P \quad Y'_P \quad Z'_P \quad M'_{xP} \quad M'_{yP} \quad M'_{zP})^{\mathrm{T}} = (N \quad Q \quad V \quad M_{\mathrm{T}} \quad M \quad M_{\mathrm{Q}} \quad M_{\mathrm{V}})^{\mathrm{T}}$$

其中，N 代表轴力；Q 和 V 分别表示剪力在 y' 和 z' 方向上的分量；M_{T} 代表扭矩；M_{Q}，M_{V} 分别表示弯矩在 y' 和 z' 方向上的分量。

根据坐标系 $Px'y'z'$ 与 $ixyz$ 间的变换关系。

$$\begin{bmatrix} x' \\ y' \\ z' \end{bmatrix} = \begin{bmatrix} \cos\varphi & \sin\varphi & 0 \\ -\sin\varphi & \cos\varphi & 0 \\ 0 & 0 & 1 \end{bmatrix} \begin{bmatrix} x \\ y \\ z \end{bmatrix} \tag{3-36}$$

记

$$\boldsymbol{R} = \begin{bmatrix} \cos\varphi & \sin\varphi & 0 \\ -\sin\varphi & \cos\varphi & 0 \\ 0 & 0 & 1 \end{bmatrix} \tag{3-37}$$

为两个坐标系间的坐标系变换矩阵，则可求得 P 截面上的内力为

$$\boldsymbol{N}_P = \begin{bmatrix} \boldsymbol{R} & \boldsymbol{0} \\ \boldsymbol{0} & \boldsymbol{R} \end{bmatrix} \boldsymbol{F}_P \tag{3-38}$$

利用式(3-35)，便可得到 $\boldsymbol{N}_P$ 与 $\boldsymbol{F}_j$ 间的关系为

$$\boldsymbol{N}_P = \begin{bmatrix} \boldsymbol{R} & \boldsymbol{0} \\ \boldsymbol{0} & \boldsymbol{R} \end{bmatrix} \boldsymbol{T}_{Pj} \boldsymbol{F}_j \tag{3-39}$$

记

$$\boldsymbol{T}'_{Pj} = \begin{bmatrix} \boldsymbol{R} & \boldsymbol{0} \\ \boldsymbol{0} & \boldsymbol{R} \end{bmatrix} \boldsymbol{T}_{Pj}$$

方程(3-39)表示成

$$\boldsymbol{N}_P = \boldsymbol{T}'_{Pj} \boldsymbol{F}_j \tag{3-39$'$}$$

$\boldsymbol{T}'_{Pj}$为 j 点作用力到 P 点内力的力的传递矩阵，即

$$
\boldsymbol{T}'_{Pj}=
\begin{bmatrix}
\cos\varphi & \sin\varphi & 0 & 0 & 0 & 0\\
-\sin\varphi & \cos\varphi & 0 & 0 & 0 & 0\\
0 & 0 & 1 & 0 & 0 & 0\\
0 & 0 & R[1-\cos(\theta-\varphi)] & \cos\varphi & \sin\varphi & 0\\
0 & 0 & -R\sin(\theta-\varphi) & -\sin\varphi & \cos\varphi & 0\\
R(\cos\theta-\cos\varphi) & R(\sin\theta-\sin\varphi) & 0 & 0 & 0 & 1
\end{bmatrix}
\tag{3-40}
$$

并且与前面的讨论相类似，有

$$\boldsymbol{T}'_{Pj}=(\boldsymbol{N}_P^1\quad \boldsymbol{N}_P^2\quad \boldsymbol{N}_P^3\quad \boldsymbol{N}_P^4\quad \boldsymbol{N}_P^5\quad \boldsymbol{N}_P^6) \qquad (3\text{-}40)'$$

其中，$\boldsymbol{N}_P^m(m=1,2,\cdots,6)$表示当结点作用力 $\boldsymbol{F}_j$ 的第 m 个分量为1、其他分量为0时 P 截面处的内力。

3.3.2.2　利用单位载荷法求柔度矩阵的元素

对于弯管，单位载荷法求柔度矩阵元素的表达式(3-18)变成

$$f_{mn}=\int_0^\theta \frac{N_mN_n}{EA}R\mathrm{d}\varphi+\int_0^\theta \frac{\alpha Q_mQ_n}{GA}R\mathrm{d}\varphi+\int_0^\theta \frac{\alpha V_mV_n}{GA}R\mathrm{d}\varphi+ \int_0^\theta \frac{M_{\mathrm{T}m}M_{\mathrm{T}n}}{GJ_\mathrm{p}}R\mathrm{d}\varphi+\int_0^\theta k_\mathrm{p}\frac{M_{\mathrm{Q}m}M_{\mathrm{Q}n}}{EJ}R\mathrm{d}\varphi+\int_0^\theta k_\mathrm{p}\frac{M_{\mathrm{V}m}M_{\mathrm{V}n}}{EJ}R\mathrm{d}\varphi \tag{3-41}$$

其中，k_p 为弯管的柔性系数，其他符号意义与(3-17)式中相同。

把(3-40)′中各项代入上式中，积分得出 j 点柔度矩阵的元素为

$$f_{11}=\int_0^\theta \frac{\cos^2\varphi}{EA}R\mathrm{d}\varphi+\int_0^\theta \frac{\alpha\sin^2\varphi}{GA}R\mathrm{d}\varphi+ \int_0^\theta \frac{k_\mathrm{p}R^2(\cos\theta-\cos\varphi)^2}{EJ}R\mathrm{d}\varphi= \frac{R(2\theta+\sin 2\theta)}{4EA}+\frac{\alpha R(2\theta-\sin 2\theta)}{4GA}+$$

$$\frac{k_p R^3[2\theta(2+\cos 2\theta)-3\sin 2\theta]}{4EJ}$$

$$f_{22}=\int_0^\theta \frac{\sin^2\varphi}{EA}R\mathrm{d}\varphi+\int_0^\theta \frac{\alpha\cos^2\varphi}{GA}R\mathrm{d}\varphi+$$
$$\int_0^\theta \frac{k_p R^2(\sin\theta-\sin\varphi)^2}{EJ}R\mathrm{d}\varphi=$$
$$\frac{R(2\theta-\sin 2\theta)}{4EA}+\frac{\alpha R(2\theta+\sin 2\theta)}{4GA}+$$
$$\frac{k_p R^3[2\theta(2-\cos 2\theta)-3\sin 2\theta-8\sin\theta]}{4EJ}$$

$$f_{33}=\int_0^\theta \frac{\alpha 1^2}{GA}R\mathrm{d}\varphi+\int_0^\theta \frac{R^2[1-\cos(\theta-\varphi)]^2}{GJ_p}R\mathrm{d}\varphi+$$
$$\int_0^\theta \frac{k_p R^2\sin^2(\theta-\varphi)}{EJ}R\mathrm{d}\varphi=$$
$$\frac{\alpha R\theta}{GA}+\frac{(1+\nu)R^3(6\theta+\sin 2\theta-8\sin\theta)}{4EJ}+$$
$$\frac{k_p R^3(2\theta-\sin 2\theta)}{4EJ}$$

$$f_{44}=\int_0^\theta \frac{\cos^2\varphi}{GJ_p}R\mathrm{d}\varphi+\int_0^\theta \frac{k_p\sin^2\varphi}{EJ}R\mathrm{d}\varphi=$$
$$\frac{(1+\nu)R(2\theta+\sin 2\theta)}{4EJ}+\frac{k_p R(2\theta-\sin 2\theta)}{4EJ}$$

$$f_{55}=\int_0^\theta \frac{\sin^2\varphi}{GJ_p}R\mathrm{d}\varphi+\int_0^\theta \frac{k_p\cos^2\varphi}{EJ}R\mathrm{d}\varphi=$$
$$\frac{(1+\nu)R(2\theta-\sin 2\theta)}{4EJ}+\frac{k_p R(2\theta+\sin 2\theta)}{4EJ}$$

$$f_{66}=\int_0^\theta \frac{k_p 1^2}{EJ}R\mathrm{d}\varphi=\frac{k_p R\theta}{EJ}$$

$$f_{12}=\int_0^\theta \frac{\cos\varphi\sin\varphi}{EA}R\mathrm{d}\varphi-\int_0^\theta \frac{\alpha\sin\varphi\cos\varphi}{GA}R\mathrm{d}\varphi+\int_0^\theta \frac{k_\mathrm{p}R^2(\cos\theta-\cos\varphi)(\sin\theta-\sin\varphi)}{EJ}R\mathrm{d}\varphi=\frac{R\sin^2\varphi}{2EA}+\frac{\alpha R\sin^2\theta}{2GA}+\frac{k_\mathrm{p}R^3(1+3\cos 2\theta+2\theta\sin 2\theta-4\cos\theta)}{4EJ}$$

$$f_{16}=\int_0^\theta \frac{k_\mathrm{p}R(\cos\theta-\cos\varphi)}{EJ}R\mathrm{d}\varphi=\frac{k_\mathrm{p}R^2(\theta\cos\theta-\sin\theta)}{EJ}$$

$$f_{26}=\int_0^\theta \frac{k_\mathrm{p}R(\sin\theta-\sin\varphi)}{EJ}R\mathrm{d}\varphi=\frac{k_\mathrm{p}R^2(\theta\sin\theta+\cos\theta-1)}{EJ}$$

$$f_{34}=\int_0^\theta \frac{R[1-\cos(\theta-\varphi)]\cos\varphi}{GJ_\mathrm{p}}R\mathrm{d}\varphi+\int_0^\theta \frac{k_\mathrm{p}R\sin(\theta-\varphi)\sin\varphi}{EJ}R\mathrm{d}\varphi=\frac{(1+\nu)R^2(\sin\theta-\theta\cos\theta)}{2EJ}+\frac{k_\mathrm{p}R^2(\sin\theta-\theta\cos\theta)}{2EJ}$$

$$f_{35}=\int_0^\theta \frac{R[1-\cos(\theta-\varphi)]\sin\varphi}{GJ_\mathrm{p}}R\mathrm{d}\varphi+\int_0^\theta \frac{k_\mathrm{p}[-R\sin(\theta-\varphi)]\cos\varphi}{EJ}R\mathrm{d}\varphi=\frac{(1+\nu)R^2(2-2\cos\theta-\theta\sin\theta)}{2EJ}-\frac{k_\mathrm{p}R^2\theta\sin\theta}{2EJ}$$

$$f_{45}=\int_0^\theta \frac{\cos\varphi\sin\varphi}{GJ_\mathrm{p}}R\mathrm{d}\varphi-\int_0^\theta \frac{k_\mathrm{p}\sin\varphi\cos\varphi}{EJ}R\mathrm{d}\varphi=\frac{(1+\nu-k_\mathrm{p})R(1-\cos 2\theta)}{4EJ}$$

其他元素为零，即

$$\boldsymbol{f}_{jj}=\begin{bmatrix} f_{11} & f_{12} & 0 & 0 & 0 & f_{16} \\ f_{21} & f_{22} & 0 & 0 & 0 & f_{26} \\ 0 & 0 & f_{33} & f_{34} & f_{35} & 0 \\ 0 & 0 & f_{43} & f_{44} & f_{45} & 0 \\ 0 & 0 & f_{53} & f_{54} & f_{55} & 0 \\ f_{16} & f_{26} & 0 & 0 & 0 & f_{66} \end{bmatrix} \tag{3-42}$$

$\boldsymbol{f}_{jj}$为对称矩阵。

3.3.2.3 弯管单元刚度矩阵的得出

由式(3-35)易知，j 点到 i 点传递矩阵为

$$\boldsymbol{T}_{ij}=\boldsymbol{T}_{Pj}\big|_{\varphi=0}$$

从而 j 点到 i 点作用力的转换矩阵为

$$\boldsymbol{H}_{ij}=-\boldsymbol{T}_{ij}=-\boldsymbol{T}_{Pj}\big|_{\varphi=0}=$$

$$\begin{bmatrix} -1 & 0 & 0 & 0 & 0 & 0 \\ 0 & 1 & 0 & 0 & 0 & 0 \\ 0 & 0 & -1 & 0 & 0 & 0 \\ 0 & 0 & -R(1-\cos\theta) & -1 & 0 & 0 \\ 0 & 0 & R\sin\theta & 0 & -1 & 0 \\ R(1-\cos\theta) & -R\sin\theta & 0 & 0 & 0 & -1 \end{bmatrix} \tag{3-43}$$

于是，根据节 3.3.1 的讨论，我们有

$$\boldsymbol{K}_{jj}=\boldsymbol{f}_{jj}^{-1} \tag{3-44}$$

$$\boldsymbol{K}_{ij}=\boldsymbol{H}_{ij}\boldsymbol{K}_{jj}=\boldsymbol{H}_{ij}\boldsymbol{f}_{jj}^{-1} \tag{3-45}$$

$$\boldsymbol{K}_{ji}=K_{ij}^{\mathrm{T}}=\boldsymbol{f}_{jj}^{-1}\boldsymbol{H}_{ij}^{\mathrm{T}} \tag{3-46}$$

$$\boldsymbol{K}_{ii}=\boldsymbol{H}_{ji}^{-1}\boldsymbol{K}_{ji}=\boldsymbol{H}_{ij}\boldsymbol{f}_{jj}^{-1}\boldsymbol{H}_{ij}^{\mathrm{T}} \tag{3-47}$$

这样，弯头单元刚度矩阵求得为

$$\boldsymbol{K}^{e}=\left[\begin{array}{c|c} \boldsymbol{K}_{ii} & \boldsymbol{K}_{ij} \\ \hline \boldsymbol{K}_{ji} & \boldsymbol{K}_{jj} \end{array}\right]=\begin{bmatrix} \boldsymbol{H}_{ij}\boldsymbol{f}_{jj}^{-1}\boldsymbol{H}_{ij}^{\mathrm{T}} & \boldsymbol{H}_{ij}\boldsymbol{f}_{jj}^{-1} \\ \boldsymbol{f}_{jj}^{-1}\boldsymbol{H}_{ij}^{\mathrm{T}} & \boldsymbol{f}_{jj}^{-1} \end{bmatrix} \tag{3-48}$$

3.3.3 单元的等效结点载荷

一般情况下，架空热力管道系统主要受升温和自重载荷作用，在利用有限元法进行管系结构分析时，这些分布载荷必须变成等效结点载荷。下面讨论管系在升温和均布载荷作用下单元的等效结点载荷的计算。

3.3.3.1 直管单元的等效结点载荷

设一空间直管单元，受升温 T 和均布载荷 $\boldsymbol{w}=(w_x \quad w_y \quad w_z)$ 作用，单元两端固定(图 3-4)，求其固端反力。

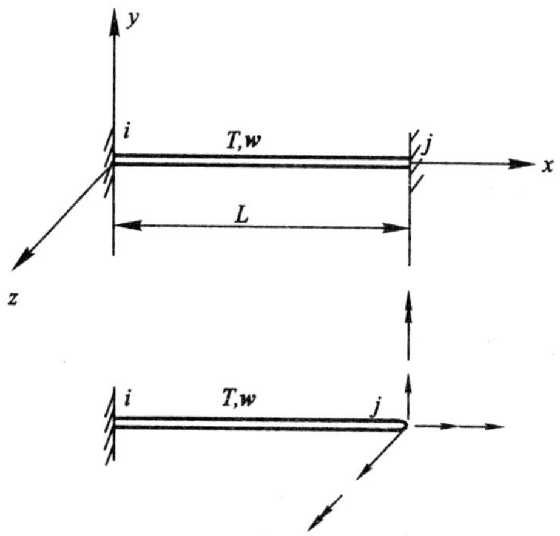

图 3-4

先固定 i 点，令 j 点放松，代之以赘余力

$$\boldsymbol{F}_j^* = (x_j^* \quad y_j^* \quad z_j^* \quad M_{xj}^* \quad M_{yj}^* \quad M_{zj}^*)^{\mathrm{T}}$$

则由于升温 T 和均布载荷 $\boldsymbol{w}$ 作用使得在 j 点产生的位移

$$\boldsymbol{D}_j^q = (u_j \quad v_j \quad w_j \quad \theta_{xj} \quad \theta_{yj} \quad \theta_{zj})^{\mathrm{T}}$$

为

$$D_j^q = \begin{bmatrix} \alpha TL + \dfrac{w_x L^2}{2EA} \\ \dfrac{w_y L^4}{8EJ}\left(1 + \dfrac{\phi}{3}\right) \\ \dfrac{w_z L^4}{8EJ}\left(1 + \dfrac{\phi}{3}\right) \\ 0 \\ -\dfrac{w_z L^3}{6EJ} \\ \dfrac{w_y L^3}{6EJ} \end{bmatrix} \tag{3-49}$$

j 点处位移协调条件为

$$\boldsymbol{D}_j^q + \boldsymbol{f}_{jj}\boldsymbol{F}_j^* = 0$$

于是 j 点的固端反力为

$$\boldsymbol{F}_j^* = -\boldsymbol{f}_{jj}^{-1}\boldsymbol{D}_j^q = -\boldsymbol{K}_{jj}\boldsymbol{D}_j^q$$

又根据等效结点载荷的定义，在升温 T 和均布载荷 $\boldsymbol{w}$ 作用下 j 点的等效结点载荷 $\boldsymbol{F}_j^q$ 满足关系

$$\boldsymbol{f}_{jj}\boldsymbol{F}_j^q = \boldsymbol{D}_j^q$$

即

$$\boldsymbol{F}_j^q = \boldsymbol{f}_{jj}^{-1}\boldsymbol{D}_j^q = \boldsymbol{K}_{jj}\boldsymbol{D}_j^q$$

由此可知，等效结点载荷与固端反力大小相等方向相反。

把式(3-30)代入得

$$
\boldsymbol{F}_j^q = \begin{bmatrix} EA\alpha T + \dfrac{w_x L}{2} \\ \dfrac{w_y L}{2} \\ \dfrac{w_z L}{2} \\ 0 \\ \dfrac{w_z L^2}{12} \\ -\dfrac{w_y L^2}{12} \end{bmatrix} \tag{3-50}
$$

$$
\boldsymbol{F}_j^* = -\begin{bmatrix} EA\alpha T + \dfrac{w_x L}{2} \\ \dfrac{w_y L}{2} \\ \dfrac{w_z L}{2} \\ 0 \\ \dfrac{w_z L^2}{12} \\ -\dfrac{w_y L^2}{12} \end{bmatrix} \tag{3-51}
$$

再由力的平衡方程可求出 i 端反力

$$\boldsymbol{F}_i^* = \boldsymbol{H}_{ij}\boldsymbol{F}_j^* - \begin{bmatrix} w_x L \\ w_y L \\ w_z L \\ 0 \\ -\dfrac{w_z L^2}{2} \\ \dfrac{w_y L^2}{2} \end{bmatrix} = \begin{bmatrix} EA\alpha T - \dfrac{w_x L}{2} \\ -\dfrac{w_y L}{2} \\ -\dfrac{w_z L}{2} \\ 0 \\ \dfrac{w_z L^2}{12} \\ -\dfrac{w_y L^2}{12} \end{bmatrix} \tag{3-52}$$

i 点的等效结点载荷为

$$\boldsymbol{F}_i^q = -\boldsymbol{F}_i^*$$

于是空间直管单元的等效结点载荷为

$$\boldsymbol{F}^q = \begin{bmatrix} \boldsymbol{F}_i^q \\ \boldsymbol{F}_j^q \end{bmatrix} = \left[\left(EA\alpha T + \frac{w_x L}{2}\right) \quad \frac{w_y L}{2} \quad \frac{w_z L}{2} \quad 0 \quad \frac{w_z L^2}{12} \quad -\frac{w_y L^2}{12} \quad \left(-EA\alpha T + \frac{w_x L}{2}\right) \quad \frac{w_y L}{2} \quad \frac{w_z L}{2} \quad 0 \quad -\frac{w_z L^2}{12} \quad \frac{w_y L^2}{12}\right]^{\mathrm{T}} \tag{3-53}$$

注:式 3-53 为矩阵式。

3.3.3.2 弯管单元的等效结点载荷

对于受升温 T 和均布载荷 $\boldsymbol{w}=w_x\boldsymbol{i}+w_y\boldsymbol{j}+w_z\boldsymbol{k}$ 作用的弯管单元(图 3-5),同样先令 i 点固定,考察由于升温和均布载荷而在 j 点产生的结点位移。

(1) 由于升温 T 所产生的 j 点位移

$$\begin{cases} \Delta_{jx}^T = \displaystyle\int_0^\theta \alpha T\cos\varphi R\mathrm{d}\varphi = \alpha TR\sin\theta \\ \Delta_{jy}^T = \displaystyle\int_0^\theta \alpha T\sin\varphi R\mathrm{d}\varphi = \alpha TR(1-\cos\theta) \end{cases} \tag{3-54}$$

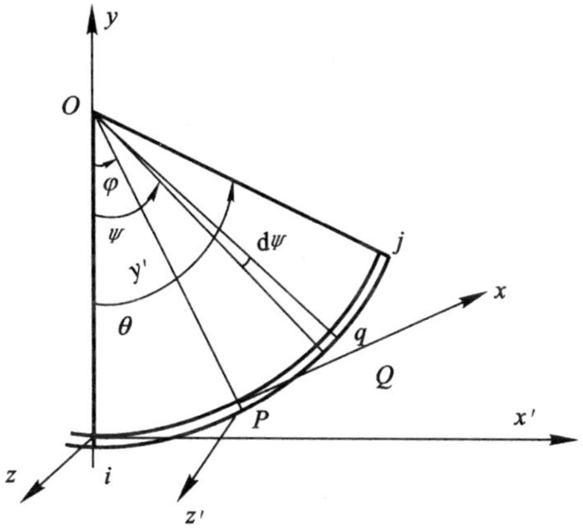

图 3-5

(2) 由于均布载荷 **w** 所产生的 j 点位移

首先考察矢径

$$\boldsymbol{r}_j = R\sin\theta\boldsymbol{i} + R(1-\cos\theta)\boldsymbol{j}$$

$$\boldsymbol{r}_P = R\sin\varphi\boldsymbol{i} + R(1-\cos\varphi)\boldsymbol{j}$$

$$\boldsymbol{r}_Q = R\sin\psi\boldsymbol{i} + R(1-\cos\psi)\boldsymbol{j}$$

则

$$\boldsymbol{r}_{PQ} = \boldsymbol{r}_Q - \boldsymbol{r}_P = R(\sin\varphi - \sin\psi)\boldsymbol{i} + R(\cos\varphi - \cos\psi)\boldsymbol{j} \tag{3-55}$$

在 Q 点处微元 $R\mathrm{d}\psi$ 上 **w** 在坐标轴上的投影为

$$\mathrm{d}\boldsymbol{F} = w_x\sin\psi R\mathrm{d}\psi\boldsymbol{i} + w_y\cos\psi R\mathrm{d}\psi\boldsymbol{j} + w_z R\mathrm{d}\psi\boldsymbol{k} \tag{3-56}$$

于是可求得 P 点处截面内力为

$$\boldsymbol{F}_{\mathrm{P}} = \int_{\varphi}^{\theta}\mathrm{d}\boldsymbol{F} = Rw_x(\cos\varphi - \cos\theta)\boldsymbol{i} + Rw_y(\sin\theta - \sin\varphi)\boldsymbol{j} + Rw_z(\theta - \varphi)\boldsymbol{k} \tag{3-57}$$

$$\boldsymbol{M}_P = \int_{\varphi}^{\theta}\boldsymbol{r}_{PQ}\times\mathrm{d}\boldsymbol{F} =$$

$$\int_{\varphi}^{\theta}\begin{vmatrix} \boldsymbol{i} & \boldsymbol{j} & \boldsymbol{k} \\ R(\sin\psi-\sin\varphi) & R(\cos\varphi-\cos\psi) & 0 \\ w_x\sin\psi & w_y\cos\psi & w_z \end{vmatrix} R\mathrm{d}\psi=$$

$$\boldsymbol{i}\{R^2 w_z[(\theta-\varphi)\cos\varphi-(\sin\theta-\sin\varphi)]\}+$$

$$\boldsymbol{j}\{R^2 w_z[(\theta-\varphi)\sin\varphi+(\cos\theta-\cos\varphi)]\}+$$

$$\boldsymbol{k}\,\frac{R^2}{2}[-w_x(\cos\theta-\cos\varphi)^2+w_y(\sin\theta-\sin\varphi)^2] \qquad (3\text{-}58)$$

变换到 $Px'y'z'$ 坐标系中

$$\boldsymbol{F}'_P=\begin{bmatrix} \cos\varphi & \sin\varphi & 0 \\ -\sin\varphi & \cos\varphi & 0 \\ 0 & 0 & 1 \end{bmatrix}\begin{bmatrix} Rw_x(\cos\varphi-\cos\theta) \\ Rw_y(\sin\theta-\sin\varphi) \\ Rw_z(\theta-\varphi) \end{bmatrix}=$$

$$\begin{bmatrix} Rw_x\cos\varphi(\cos\varphi-\cos\varphi)+Rw_y\sin\varphi(\sin\theta-\sin\varphi) \\ -Rw_x\sin\varphi(\cos\varphi-\cos\theta)+Rw_y\cos\varphi(\sin\theta-\sin\varphi) \\ Rw_z(\theta-\varphi) \end{bmatrix} \qquad (3\text{-}59)$$

$$\boldsymbol{M}'_P=\begin{bmatrix} \cos\varphi & \sin\varphi & 0 \\ -\sin\varphi & \cos\varphi & 0 \\ 0 & 0 & 1 \end{bmatrix}\cdot$$

$$\begin{bmatrix} R^2 w_z[(\theta-\varphi)\cos\varphi-(\sin\theta-\sin\varphi)] \\ R^2 w_z[(\theta-\varphi)\sin\varphi+(\cos\theta-\cos\varphi)] \\ \frac{1}{2}R^2[-w_x(\cos\theta-\cos\varphi)^2+w_y(\sin\theta-\sin\varphi)^2] \end{bmatrix}=$$

$$\begin{bmatrix} R^2 w_z[(\theta-\varphi)-\sin(\theta-\varphi)] \\ R^2 w_z[\cos(\theta-\varphi)-1] \\ \frac{1}{2}R^2[-w_x(\cos\theta-\cos\varphi)^2+w_y(\sin\theta-\sin\varphi)^2] \end{bmatrix} \qquad (3\text{-}60)$$

则可用单位载荷求 j 点的位移

$$\Delta_{jx}^{w}=\int_{0}^{\theta}\cos\varphi[Rw_x\cos\varphi(\cos\varphi-\cos\theta)+$$
$$Rw_y\sin\varphi(\sin\theta-\sin\varphi)]R\mathrm{d}\varphi/EA+$$
$$\int_{0}^{\theta}\alpha(-\sin\varphi)[-Rw_x\sin\varphi(\cos\varphi-\cos\theta)+$$
$$Rw_y\cos\varphi(\sin\theta-\sin\varphi)]R\mathrm{d}\varphi/GA+$$
$$\int_{0}^{\theta}k_{\mathrm{p}}R^3(\cos\theta-\cos\varphi)[-w_x(\cos\theta-\cos\varphi)^2+$$
$$w_y(\sin\theta-\sin\varphi)^2)]R\mathrm{d}\varphi/2EJ$$

$$\Delta_{jy}^{w}=\int_{0}^{\theta}\sin\varphi[Rw_x\cos\varphi(\cos\varphi-\cos\theta)+$$
$$Rw_y\sin\varphi(\sin\theta-\sin\varphi)]R\mathrm{d}\varphi/EA+$$
$$\int_{0}^{\theta}\alpha\cos\varphi[-Rw_x\sin\varphi(\cos\varphi-\cos\theta)+$$
$$Rw_y\cos\varphi(\sin\theta-\sin\varphi)]R\mathrm{d}\varphi/GA+$$
$$\int_{0}^{\theta}k_{\mathrm{p}}R^3(\sin\theta-\sin\varphi)[-w_x(\cos\theta-\cos\varphi)^2+$$
$$w_y(\sin\theta-\sin\varphi)^2]R\mathrm{d}\varphi/2EJ$$

$$\Delta_{jz}^{w}=\int_{0}^{\theta}\frac{\alpha Rw_z}{GA}(\theta-\varphi)R\mathrm{d}\varphi+$$
$$\int_{0}^{\theta}\frac{R^3w_z}{GJ_{\mathrm{p}}}[1-\cos(\theta-\varphi)][(\theta-\varphi)-\sin(\theta-\varphi)]R\mathrm{d}\varphi+$$
$$\int_{0}^{\theta}\frac{k_{\mathrm{p}}R^3w_z}{EJ}\sin(\theta-\varphi)[1-\cos(\theta-\varphi)]R\mathrm{d}\varphi$$

$$\theta_{jx}^{w}=\int_{0}^{\theta}\frac{R^2}{GJ_{\mathrm{p}}}w_z\cos\varphi[(\theta-\varphi)-\sin(\theta-\varphi)]R\mathrm{d}\varphi+$$
$$\int_{0}^{\theta}\frac{k_{\mathrm{p}}R^2w_z}{EJ}\sin\varphi[1-\cos(\theta-\varphi)]R\mathrm{d}\varphi$$

$$\theta_{jy}^{w}=\int_{0}^{\theta}\frac{R^2}{GJ_{\mathrm{p}}}w_z\sin\varphi[(\theta-\varphi)-\sin(\theta-\varphi)]R\mathrm{d}\varphi+$$

$$\int_0^\theta \frac{k_p R^2 w_z}{EJ}\cos\varphi[\cos(\theta-\varphi)-1]R\mathrm{d}\varphi$$

$$\theta_{jx}^w=\int_0^\theta \frac{k_p R^2}{2EJ}[-w_x(\cos\theta-\cos\varphi)^2+w_y(\sin\theta-\sin\varphi)^2]R\mathrm{d}\varphi$$

积分求得 j 点位移

$$\boldsymbol{D}_j^w=(\Delta_{jx}^w \quad \Delta_{jy}^w \quad \Delta_{jz}^w \quad \theta_{jx}^w \quad \theta_{jy}^w \quad \theta_{jz}^w)^{\mathrm{T}}$$

为

$$\begin{aligned}\Delta_{jx}^w=&\frac{R^2}{2EA}\left[w_x\left(\sin\theta-\theta\cos\theta+\frac{1}{3}\sin^3\theta\right)+\frac{1}{3}w_y\sin^3\theta\right]+\\&\frac{\alpha R^2}{2GA}\left[w_x\left(\sin\theta-\theta\cos\theta-\frac{1}{3}\sin^3\theta\right)-\frac{1}{3}w_y\sin^3\theta\right]+\\&\frac{k_p R^4}{2EJ}\left\{\frac{w_x}{2}\left[-\theta\cos\theta(3+2\cos^2\theta)+\right.\right.\\&\left.\frac{1}{3}\sin\theta(4+11\cos^2\theta)\right]+\\&\frac{w_y}{2}\left[\theta\cos\theta(3-2\cos^2\theta)-2\sin2\theta+\right.\\&\left.\left.\frac{1}{3}\sin\theta(2+11\cos^2\theta)\right]\right\}\end{aligned}\tag{3-61}$$

$$\begin{aligned}\Delta_{jy}^w=&\frac{R^2}{EA}\left\{w_x\left[\frac{1}{3}(1-\cos^3\theta)-\frac{1}{2}\sin^2\theta\cos\theta\right]+\right.\\&\left.w_y\left[\frac{\theta}{2}\sin\theta+\frac{1}{2}\sin^2\theta\cos\theta-\frac{2}{3}(1-\cos^2\theta)\right]\right\}+\\&\frac{\alpha R^2}{EA}\left\{w_x\left[-\frac{1}{3}(1-\cos^3\theta)+\frac{1}{2}\sin^2\theta\cos\theta\right]+\right.\\&\left.w_y\left[\frac{\theta}{2}\sin\theta+\frac{1}{2}\sin^2\theta\cos\theta-\frac{1}{3}(1-\cos^3\theta)\right]\right\}+\\&\frac{k_p R^4}{EJ}\left\{w_x\left[-\frac{\theta}{4}\sin\theta(3-2\sin^2\theta)+\frac{1}{4}\sin^2\theta\cos\theta+\right.\right.\\&\left.\frac{2}{3}(1-\cos^3\theta)-\frac{1}{2}\sin^2\theta\right]+w_y\left[\frac{\theta}{4}\sin\theta(3+2\sin^2\theta)-\right.\end{aligned}$$

$$\frac{5}{4}\sin^2\theta\cos\theta-\frac{3}{2}\sin^2\theta-\frac{1}{3}(1-\cos^2\theta)\Big]\Big\} \tag{3-62}$$

$$\Delta_{jz}^{w}=\frac{\alpha R^2 w_z\theta^2}{2GA}+\frac{R^4 w_z}{GJ_p}\left(\frac{\theta^2}{2}-\theta\sin\theta+\frac{1}{2}\sin^2\theta\right)+\frac{k_p R^4 w_z}{EJ}\left(1-\cos\theta-\frac{1}{2}\sin^2\theta\right) \tag{3-63}$$

$$\theta_{jx}^{w}=\frac{R^3 w_z}{GJ_p}\left(1-\cos\theta-\frac{\theta}{2}\sin\theta\right)+\frac{k_p R^3 w_z}{EJ}\left(1-\cos\theta-\frac{\theta}{2}\sin\theta\right) \tag{3-64}$$

$$\theta_{jy}^{w}=\frac{R^3 w_z}{GJ_p}\left(\theta+\frac{\theta}{2}\cos\theta-\frac{3}{2}\sin\theta\right)+\frac{k_p R^3 w_z}{EJ}\left(\frac{\theta}{2}\cos\theta-\frac{1}{2}\sin\theta\right) \tag{3-65}$$

$$\theta_{jz}^{w}=\frac{k_p R^3}{EJ}\Big\{w_x\Big[-\frac{\theta}{4}(1+2\cos^2\theta)+\frac{3}{4}\cos\theta\sin\theta\Big]+w_y\Big[\frac{\theta}{4}(1+2\sin^2\theta)+\frac{3}{4}\sin\theta\cos\theta-\sin\theta\Big]\Big\} \tag{3-66}$$

从而 j 点的等效结点载荷为

$$\boldsymbol{F}_j^q=\boldsymbol{K}_{jj}\boldsymbol{D}_j^q \tag{3-67}$$

式中，$\boldsymbol{D}_j^q=\boldsymbol{D}_j^{\mathrm{T}}+\boldsymbol{D}_j^w$ 为由于升温和均布载荷联合作用时在 j 点产生的结点位移。

于是可知当弯管单元两端固定时由于升温 T 和均而载荷 $\boldsymbol{w}$ 所引起的 j 端反力为

$$\boldsymbol{F}_j^*=-\boldsymbol{F}_j^q=-\boldsymbol{K}_{jj}\boldsymbol{D}_j^q \tag{3-68}$$

而根据平衡方程确定 i 端的固端反力为

$$\boldsymbol{F}_i^*=\boldsymbol{H}_{ij}\boldsymbol{F}_j^*-\boldsymbol{F}^w \tag{3-69}$$

其中，$\boldsymbol{H}_{ij}$为 j 点到 i 点的结合力的转换矩阵，如式(3-43)所示。

$\boldsymbol{F}^{w}$ 为均布载荷向 i 点传递的结果

$$\boldsymbol{F}^{w}=\begin{bmatrix} Rw_x(1-\cos\theta) \\ Rw_y\sin\theta \\ Rw_z\theta \\ R^2w_z(\theta-\sin\theta) \\ -R^2w_z(1-\cos\theta) \\ \dfrac{R^2}{2}[-w_x(1-\cos\theta)^2+w_y\sin^2\theta] \end{bmatrix} \tag{3-70}$$

于是 i 点的等效结点载荷为

$$\boldsymbol{F}_i^q=\boldsymbol{H}_{ij}\boldsymbol{F}_j^q+\boldsymbol{F}^w \tag{3-71}$$

这样便求得了弯管单元在升温 T 和均布载荷 $\boldsymbol{w}$ 作用下的等效结点载荷。

§3.4 坐标变换

在上节的分析中，所基于的坐标系都是单元坐标系或局部坐标系。对于不同形式的单元，其单元坐标系也要随之变换。在把单元刚度矩阵和单元等效结点载荷进行系统组合时，必须采用统一的坐标系，称为总体坐标系。下面讨论单元坐标系和总体坐标系间的坐标变换关系。

3.4.1 总体坐标系下的单元刚度矩阵和等效结点载荷

设有单元坐标系 $ixyz$ 和总体坐标系 $AXYZ$(图 3-6)，坐标轴 x,y,z 在 $AXYZ$ 中的方向余弦如下表所示：

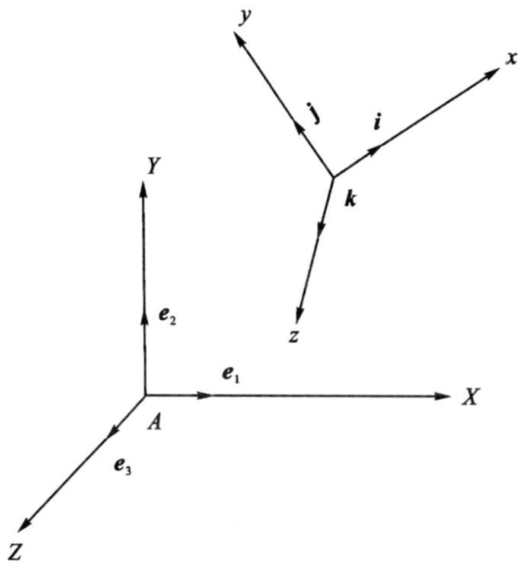

图 3-6

	x	y	z
X	$\cos(x,X)$	$\cos(y,X)$	$\cos(z,X)$
Y	$\cos(x,Y)$	$\cos(y,Y)$	$\cos(z,Y)$
Z	$\cos(x,Z)$	$\cos(y,Z)$	$\cos(z,Z)$

简记为

	x	y	z
X	l_1	l_2	l_3
Y	m_1	m_2	m_3
Z	n_1	n_2	n_3

写成矩阵形式：

$$\begin{bmatrix} X \\ Y \\ Z \end{bmatrix} = \begin{bmatrix} l_1 & l_2 & l_3 \\ m_1 & m_2 & m_3 \\ n_1 & n_2 & n_3 \end{bmatrix} \begin{bmatrix} x \\ y \\ z \end{bmatrix} \tag{3-72}$$

简记为

$$\begin{bmatrix} X \\ Y \\ Z \end{bmatrix} = \boldsymbol{t} \begin{bmatrix} x \\ y \\ z \end{bmatrix}$$

其中

$$\boldsymbol{t} = \begin{bmatrix} l_1 & l_2 & l_3 \\ m_1 & m_2 & m_3 \\ n_1 & n_2 & n_3 \end{bmatrix}$$

为 $ixyz$ 系与 $AXYZ$ 系间的坐标变换矩阵。

对于坐标系 $ixyz$ 中的任一矢量

$$\boldsymbol{F} = F_x\boldsymbol{i} + F_y\boldsymbol{j} + F_z\boldsymbol{k}$$

则 $\boldsymbol{F}$ 在坐标系 $AXYZ$ 中的表示式为

$$\boldsymbol{F} = F_\xi\boldsymbol{e}_1 + F_\eta\boldsymbol{e}_2 + F_\zeta\boldsymbol{e}_3$$

满足

$$\begin{bmatrix} F_\xi \\ F_\eta \\ F_\zeta \end{bmatrix} = \begin{bmatrix} l_1 & l_2 & l_3 \\ m_1 & m_2 & m_3 \\ n_1 & n_2 & n_3 \end{bmatrix} \begin{bmatrix} F_x \\ F_z F_y \end{bmatrix} \tag{3-73}$$

于是在单元坐标系中的结点位移和结点力在总体坐标系中的表示为

$$\overline{\boldsymbol{F}}^e = \boldsymbol{T}\boldsymbol{F}^e \tag{3-74}$$

$$\overline{\boldsymbol{D}}^e = \boldsymbol{T}\boldsymbol{D}^e \tag{3-75}$$

其中，$\overline{\boldsymbol{D}}^e$ 和 $\overline{\boldsymbol{F}}^e$ 分别表示在总体坐标系下单元的结点位移和结点力，

$$T = \begin{bmatrix} t & 0 & 0 & 0 \\ 0 & t & 0 & 0 \\ 0 & 0 & t & 0 \\ 0 & 0 & 0 & t \end{bmatrix}$$

为单元结点位移或结点力的变换矩阵。

从而，根据单元坐标系中结点位移与结点力间的关系式

$$\boldsymbol{K}^e\boldsymbol{D}^e = \boldsymbol{F}^e$$

把(3-74)，(3-75)代入得

$$\boldsymbol{K}^e\boldsymbol{T}^{-1}\overline{\boldsymbol{D}}^e = \boldsymbol{F}^e$$

或

$$\boldsymbol{T}\boldsymbol{K}^e\boldsymbol{T}^{-1}\overline{\boldsymbol{D}}^e = \overline{\boldsymbol{F}}^e$$

考虑到 $\boldsymbol{T}$ 为正交矩阵，满足 $\boldsymbol{T}^{-1}=\boldsymbol{T}^{\mathrm{T}}$

则上式可写成

$$(\boldsymbol{T}\boldsymbol{K}^e\boldsymbol{T}^{\mathrm{T}})\overline{\boldsymbol{D}}^e = \overline{\boldsymbol{F}}^e$$

于是知在总体坐标系下单元刚度矩阵为

$$\overline{\boldsymbol{K}}^e = \boldsymbol{T}\boldsymbol{K}^e\boldsymbol{T}^{-1} \tag{3-76}$$

3.4.2 空间直管单元的坐标变换矩阵

设一空间直管单元，单元坐标系 $ixyz$，x 轴沿单元轴向，z 轴在 $Z—X$ 平面内，y 轴由 x,z 按右手系确定，总体坐标系 $AXYZ$（图 3-7）

设结点 i,j 在 $AXYZ$ 坐标系中的坐标为

$$i(\xi_i,\eta_i,\zeta_i) \qquad j(\xi_j,\eta_j,\zeta_j)$$

则矢量

$$\boldsymbol{ij} = (\xi_j - \xi_i)\boldsymbol{e}_1 + (\eta_j - \eta_i)\boldsymbol{e}_2 + (\zeta_j - \zeta_i)\boldsymbol{e}_3$$

单元长度为

$$L = [(\xi_j - \xi_i)^2 + (\eta_j - \eta_i)^2 + (\zeta_j - \zeta_i)^2]^{1/2}$$

易知 x 轴在总体坐标系中的方向余弦为

$$l_1 = \cos\ (x,X) = (\xi_j - \xi_i)/L$$

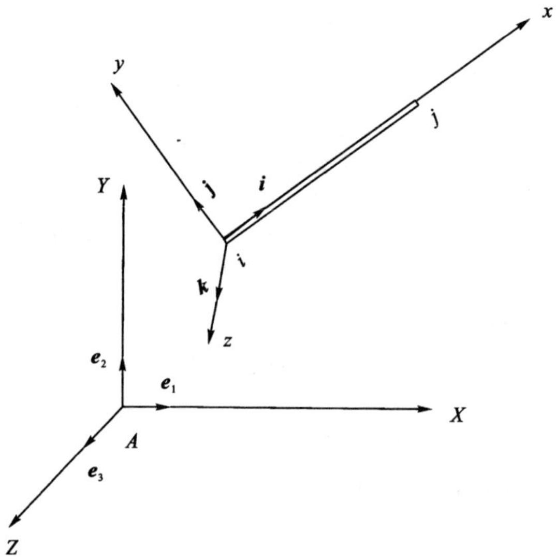

图 3-7

$$m_1 = \cos\ (x,Y) = (\eta_j - \eta_i)/L$$

$$n_1 = \cos\ (x,Z) = (\zeta_j - \zeta_i)/L$$

矢量形式

$$\boldsymbol{i} = l_1\boldsymbol{e}_1 + m_1\boldsymbol{e}_2 + n_1\boldsymbol{e}_3$$

a. 当 x 轴与 Y 轴不重合时，由规定 $\boldsymbol{k}\perp\boldsymbol{e}_2$，且 $\boldsymbol{k}\perp\boldsymbol{i}$，可知

$$\boldsymbol{k} = l_3\boldsymbol{e}_1 + n_3\boldsymbol{e}_3$$

满足

$$\boldsymbol{k}\cdot\boldsymbol{i} = l_1l_3 + n_1n_3 = 0$$

同时有

$$l_3^2 + n_3^2 = 1$$

解得

$$\begin{cases} n_3 = \dfrac{l_1}{(l_1^2 + n_1^2)^{1/2}} \\ l_3 = \dfrac{n_1}{(l_1^2 + n_1^2)^{1/2}} \end{cases}$$

而

$$\boldsymbol{j} = \boldsymbol{k} \times \boldsymbol{i} = \begin{vmatrix} \boldsymbol{e}_1 & \boldsymbol{e}_2 & \boldsymbol{e}_3 \\ l_3 & 0 & n_3 \\ l_1 & m_1 & n_1 \end{vmatrix} =$$

$$- m_1 n_3 \boldsymbol{e}_1 + (l_1 n_3 - l_3 n_1)\boldsymbol{e}_2 + l_3 m_1 \boldsymbol{e}_3$$

于是坐标变换矩阵为

$$\boldsymbol{t} = \begin{bmatrix} l_1 & -\dfrac{l_1 m_1}{q} & -\dfrac{n_1}{q} \\ m_1 & q & 0 \\ n_1 & -\dfrac{m_1 n_1}{q} & -\dfrac{l_1}{q} \end{bmatrix} \tag{3-77}$$

其中

$$q = \sqrt{l_1^2 + n_1^2}$$

b. 当 x 轴与 Y 轴重合时，有

$$\boldsymbol{i} = \pm\, \boldsymbol{e}_2 = \frac{\eta_j - \eta_i}{L}\boldsymbol{e}_2 = m_1 \boldsymbol{e}_2$$

此时令 z 轴与 Z 轴重合，即

$$\boldsymbol{k} = \boldsymbol{e}_3$$

而

$$\boldsymbol{j} = \boldsymbol{k} \times \boldsymbol{i} = m_1 \boldsymbol{e}_3 \times \boldsymbol{e}_2 = - m_1 \boldsymbol{e}_1$$

于是，坐标变换矩阵为

$$\boldsymbol{t} = \begin{bmatrix} 0 & -m_1 & 0 \\ m_1 & 0 & 0 \\ 0 & 0 & 1 \end{bmatrix} \tag{3-78}$$

3.4.3 弯管单元的坐标变换矩阵

设一弯管单元，单元坐标系 $ixyz$，曲率中心在 O 点，x 轴在 i 点与弯管相切，y 轴过曲率中心 O 点，z 轴按右手系确定，总体坐标系 $AXYZ$（图 3-8）

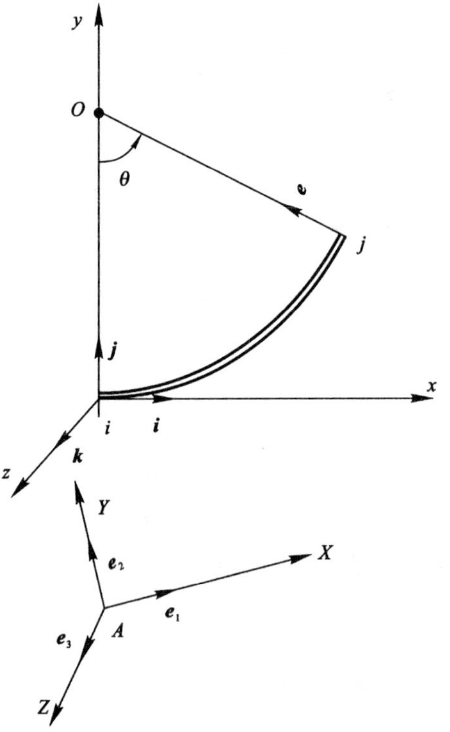

图 3-8

$ixyz$ 坐标系的基矢为

$$\boldsymbol{i},\boldsymbol{j},\boldsymbol{k}$$

$AXYZ$ 坐标系的基矢为

$$\boldsymbol{e}_1,\boldsymbol{e}_2,\boldsymbol{e}_3$$

设 i,j 和 O 点在总体坐标系中的坐标值分别为

$$i(\xi_i,\eta_i,\zeta_i) \qquad j(\xi_j,\eta_j,\zeta_j) \qquad O(\xi_O,\eta_O,\zeta_O)$$

于是可知弯头的曲率半径为

$$R=\left[(\xi_O-\xi_i)^2+(\eta_O-\eta_i)^2+(\zeta_O-\zeta_i)^2\right]^{1/2}$$

而 $\boldsymbol{iO}$(y 轴)和 $\boldsymbol{jO}$ 矢量在总体坐标系中的方向余弦为

	iO	***jO***
X	$(\zeta_0-\zeta_i)/R$	$(\xi_0-\xi_j)/R$
Y	$(\eta_0-\eta_i)/R$	$(\eta_0-\eta_j)/R$
Z	$(\zeta_0-\zeta_i)/R$	$(\zeta_0-\zeta_j)/R$

令 $\boldsymbol{jO}$ 的单位矢量为 $\boldsymbol{e}$,便有

$$\boldsymbol{j} = [(\xi_0 - \xi_i)\boldsymbol{e}_1 + (\eta_0 - \eta_i)\boldsymbol{e}_2 + (\xi_0 - \xi_i)\boldsymbol{e}_3]/R$$

$$\boldsymbol{e} = [(\xi_0 - \xi_j)\boldsymbol{e}_1 + (\eta_0 - \eta_j)\boldsymbol{e}_2 + (\zeta_0 - \zeta_j)\boldsymbol{e}_3]/R$$

根据 z 轴的定义,应有

$$\boldsymbol{j} \times \boldsymbol{e} = \boldsymbol{k}\sin\theta$$

于是

$$\boldsymbol{k} = \frac{1}{\sin\theta}(\boldsymbol{j} \times \boldsymbol{e}) =$$

$$\frac{1}{\sin\theta}\begin{vmatrix} \boldsymbol{e}_1 & \boldsymbol{e}_2 & \boldsymbol{e}_3 \\ (\xi_0 - \xi_i)/R & (\eta_0 - \eta_i)/R & (\zeta_0 - \zeta_i)/R \\ (\xi_0 - \xi_j)/R & (\eta_0 - \eta_j)/R & (\zeta_0 - \zeta_j)/R \end{vmatrix}$$

又由于 $\boldsymbol{i}=\boldsymbol{j}\times\boldsymbol{k}$,则我们最后可整理成

$$\cos\alpha_1 = \cos\beta_2\cos\gamma_3 - \cos\gamma_2\cos\beta_3$$

$$\cos\beta_1 = \cos\gamma_2\cos\alpha_3 - \cos\alpha_2\cos\gamma_3$$

$$\cos\gamma_1 = \cos\alpha_2\cos\beta_3 - \cos\beta_2\cos\alpha_3$$

$$\cos\alpha_2 = \frac{(\xi_0 - \xi_i)}{R}$$

$$\cos\beta_2 = \frac{(\eta_0 - \eta_i)}{R}$$

$$\cos\gamma_2 = \frac{(\zeta_0 - \zeta_i)}{R}$$

$$\cos\alpha_3 = \frac{\cos\beta_2\cos\gamma'_2 - \cos\gamma_2\cos\beta'_2}{\sin\theta}$$

$$\cos\beta_3 = \frac{\cos\gamma_2\cos\alpha'_2 - \cos\alpha_2\cos\gamma'_2}{\sin\theta}$$

$$\cos\gamma_3 = \frac{\cos\alpha_2\cos\beta'_2 - \cos\beta_2\cos\alpha'_2}{\sin\theta}$$

其中

$$\cos\alpha'_2 = \frac{\xi_0 - \xi_j}{R}$$

$$\cos\beta'_2 = \frac{\eta_0 - \eta_j}{R}$$

$$\cos\gamma'_2 = \frac{\zeta_0 - \zeta_j}{R}$$

为 $\boldsymbol{e}$ 的方向余弦。

弯头单元的坐标变换矩阵为

$$\boldsymbol{t} = \begin{bmatrix} \cos\alpha_1 & \cos\alpha_2 & \cos\alpha_3 \\ \cos\beta_1 & \cos\beta_2 & \cos\beta_3 \\ \cos\gamma_1 & \cos\gamma_2 & \cos\gamma_3 \end{bmatrix} \tag{3-79}$$

§3.5 有限元迭代法的计算步骤

根据前面的分析，并参照结构分析有限单元法的计算步骤，我们把有限元迭代法求解架空热力管道系统热胀位移和内力的计算步骤简述如下：

a. 确定计算模型，建立坐标系，对计算系统进行单元和结点的划分并编号。

考虑到管系结构的特点，架空热力管系的计算模型为三维杆系结构，主要由直管单元和弯管单元组成，也包括一些特殊元件，如弹簧吊架、球形补偿器、套筒补偿器等。结点一般设置在支吊架处、弯管与直管连接处，以及一些特殊位置，对于每个弯管单元，取弯管的曲率中心作为参考结点。

坐标系分为整体坐标系和单元坐标系两种。一般情况下，设整体坐标系的 $X—Y$ 平面在水平面内，Z 轴铅直向上。单元坐标系的规定如前所述。

b. 输入结构数据。

结构数据主要包括结构参数，结点坐标、摩擦系数、材料特性、杆件参数和结点约束等项。根据管系特点，把结点约束按结点类型不同由计算机自动处理。

c. 计算坐标变换矩阵 $\boldsymbol{T}$(参考 § 3.4 的论述)。

d. 求各单元刚度矩阵并形成总体刚度矩阵。

先计算各单元在单元坐标系下的单元刚度矩阵 $\boldsymbol{K}^e$，再由坐标变换求出在整体坐标系下的单元刚度矩阵 $\overline{\boldsymbol{K}}^e$，根据单元和结点在计算系统中的位置对这些单元刚度矩阵进行组合，求出系统的总体刚度矩阵 $\boldsymbol{K}=\bigcup\limits_{e=1}\overline{\boldsymbol{K}}^e$，在组合时，考虑了结点约束条件，结构总体刚度矩阵中只有与未知结点位移相对应的刚度系数。

e. 结点作用力列阵的输入和计算。

考虑到管系结构的特点，把由于升温和均布载荷作用而产生的单元的等效结点载荷按 § 3.3 的分析编入程序计算，再进行坐标变换成总体坐标系下的等效结点载荷，与一些个别作用的结点载荷和等效结点载荷(如集中弯矩，冷拉)等叠加而形成系统的结点作用力列阵。

f. 求系统的支架摩擦力分量列阵 $\boldsymbol{F}_{\mathrm{f}}$。

在摩擦约束处，管道所受的支架摩擦力由式(3-9)，(3-10)确定，写成分量形式时，有

$$\begin{cases} q=-\zeta u \\ p=-\zeta v \end{cases} \tag{3-80}$$

而

$$\zeta = \frac{\mu N}{\sqrt{u^2 + v^2}} \tag{3-81}$$

其中，N 为该摩擦约束处的支架反力；μ 为管子与支架间的摩擦系数；u，v 分别为管道在摩擦约束处的轴向和横向位移。然后根据各摩擦约束点在总体坐标系中的位置和结点自由度编号把支架摩擦力分量变换组合得到 $\boldsymbol{F}_{\mathrm{f}}$。第一次计算时可令 $\boldsymbol{F}_{\mathrm{f}}=0$。

g. 未知结点处位移的求解。

由于在总刚的组合过程中考虑了结点约束条件，故求解未知结点位移的结构位移法方程为

$$\boldsymbol{KD} = \boldsymbol{F}_0 + \boldsymbol{F}_{\mathrm{f}} \tag{3-82}$$

由此知

$$\boldsymbol{D} = \boldsymbol{K}^{-1}(\boldsymbol{F}_0 + \boldsymbol{F}_{\mathrm{f}}) \tag{3-83}$$

h. 求单元的结点位移和支架反力。

设单元的节点位移 $\overline{\boldsymbol{D}}^e$ 和 $\boldsymbol{D}^e$ 分别为在总体坐标系下和单元坐标系下的结点位移值，则单元的杆端力如下。

在总体坐标系下：

$$\overline{\boldsymbol{F}}_{\mathrm{m}}^e = \overline{\boldsymbol{F}}_{\mathrm{r}}^e + \overline{\boldsymbol{K}}^e \overline{\boldsymbol{D}}^e$$

在单元坐标系下：

$$\boldsymbol{F}_{\mathrm{m}}^e = \boldsymbol{F}_{\mathrm{r}}^e + \boldsymbol{K}^e \boldsymbol{D}^e \tag{3-84}$$

其中，$\overline{\boldsymbol{F}}_m^e$ 和 $\boldsymbol{F}_m^e$ 分别为总体坐标系和单元坐标系下单元的杆端力列阵；$\overline{\boldsymbol{F}}_{\mathrm{r}}^e$ 和 $\boldsymbol{F}_{\mathrm{r}}^e$ 分别为总体坐标系和单元坐标系下单元的固端反力列阵；$\overline{\boldsymbol{K}}^e$ 和 $\boldsymbol{K}^e$ 分别为总体坐标系和单元坐标系下的单元刚度矩阵。

整个系统的结点作用力分量列阵为

$$\boldsymbol{F} = \begin{bmatrix} \boldsymbol{F}_0 + \boldsymbol{F}_{\mathrm{f}} \\ \boldsymbol{F}_{\mathrm{r}} \end{bmatrix} = \bigcup_{e=1}^{n} \overline{\boldsymbol{F}}_{\mathrm{m}}^e \tag{3-85}$$

其中，$\boldsymbol{F}_{\mathrm{r}}$ 是结点约束处的支架反力列阵。

i. 迭代求解结点位移和支架摩擦力。

求出摩擦约束处的支架反力后，回到步聚 f、g，循环迭代，逐步逼近得到结点位移和支架摩擦力的收敛解，再由步聚 h，进行单

元端点力和支架反力的计算，最后进行应力分析。

§3.6 高级架空热力管道系统结构分析程序(AOPAP)简介

为了能使我们的方法应用于并指导工程设计，在前面分析的基础上，我们研制了专用于计算架空热力管道系统的热胀位移和应力的计算机程序，定名为“高级架空热力管道系统结构分析程序”，以与已有的一些管道结构分析程序相区别。该程序的主要特点包括：

a. 考虑了支架摩擦力对管道热胀位移的影响，这是该程序与其它管道结构分析程序的根本区别。

b. 对管道进行整体结构分析，计算系统可以是多分支、多工况、多种材料、多种约束下的管道系统。这便为管道工程的系统设计而不是只按小范围分段设计提供了可靠的依据和有效的验算手段。

c. 包含了对支吊架约束、球形补偿器、套筒补偿器、弯头单元及其力学简化模型——弹性抗弯铰等元件的专门处理。

d. 对程序中所要求的管系基本数据建立数据文件，便于检查和修改。对于多个管道系统可以予先建立多个数据文件，用程序连续运算。

e. 单元的等效结点载荷除特殊情况外都由程序自动计算，大大节省手工计算和数据输入时间。

f. 一维变带宽存储总体刚度矩阵，节约计算机的内存并节省计算时间。

AOPAP 程序包括有一个主程序和 21 个子程序，共 1800 余条指令语句。程序中的单元库有：三维直管单元，弯管单元，具有结点柔性的直管单元，具有铰链结点的直管单元，球形补偿器的读入单元，套筒补偿器的读入单元，以及刚性结点的读入单元等。由于是专用的架空热力管道系统结构分析程序，故本程序使用方便，建立数据文件的工作量较小，同时由于收敛很快，计算占机时数较少，故很易进行多种设计方案的验算、改进和比较。AOPAP 程序可以在各种类型的 PC 机上运行，非常方便于现场使用。

图 3-9 所示为 AOPAP 程序的基本流程图。

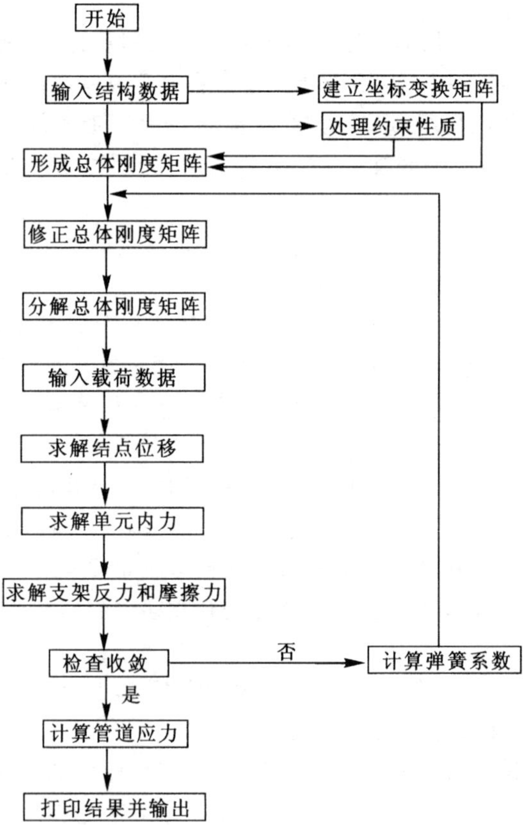

图 3-9　AOPAP 程序基本流程图

第四章

架空热力管道系统中的一些特殊问题

本章提要

本章针对架空热力管道系统中的一些特殊元件如弹簧吊架、球形补偿器、套筒补偿器以及弯头的力学简化模型——弹性抗弯铰等进行分析，并讨论了管道与支架间滚柱接触的处理办法。

§4.1 引 言

一般的架空热力管道系统主要是由直管和弯管组成，还包括支吊架及各种补偿器。在分析计算中，必须对这些特殊元件进行特殊处理。一般来说，支吊架不作为单元，而考虑成结点约束，这种处理与实际情况误差不大，却可大大节省计算机内存空间和计算时间。把对球形补偿器等元件的分析方法引入管系结构分析程序中去，不仅扩大了工程的应用范围，还提高了计算结果的准确度。另外，目前对摩擦接触问题分析的前提假设是摩擦系数的各向同性，但架空热力管道系统中滚柱支架的设置提出了摩擦接触的新问题。对于滚柱支架，沿轴向位移和沿横向位移的摩擦系数不同，故接触点的各向同性遭到破坏，必须提出新的理论和分析方法来解决。

§4.2 支吊架的处理

4.2.1 支架

架空热力管道系统的约束和支撑主要由支架来完成。支架分为固定支架、滑动支架和导向支架等几种形式。针对工程实际中支架刚度较大、变形很小的特点，在分析计算中，一般把支架本身的变形对管道位移和应力的影响略去不计，而把支架考虑成一种结点约束。具体地，对于固定支架，认为管道在固定支架处位移和转角都被限制；管道在导向支架处只允许有轴向位移；管道在滑动支架处只限制铅垂方向的位移，接触面上存在未知的摩擦力。当然，还有其他类似的约束。在用有限元迭代法计算时，支架处都设置了结点，约束情况在结点类型中体现出来。

4.2.2 弹簧吊架

弹簧吊架也是为了约束管道位移而设置的。与支架相比，弹簧吊架的刚度较小，变形较大，故不能按结点约束处理。考虑到工程实际情况，可忽略弹簧吊架的弯曲效应，只考虑抗拉压刚度，即可把弹簧吊架按杆单元处理。设弹簧吊架的抗拉压刚度为 K，则其单元刚度矩阵为

$$\boldsymbol{K}^{*}=\begin{bmatrix} k & -k \\ -k & k \end{bmatrix} \tag{4-1}$$

在总体坐标系下对式(4-1)进行扩充，得到单元刚度矩阵仍以 $\boldsymbol{K}^{*}$ 表示之，则当吊架单元与管道单元相结合时，便可得到管系结构的整体刚度矩阵，从而可以求出管系中各结点的位移和应力。但注意到吊架的上端位移条件已知，故为了节省单元和结点自由度数，方便计算，可对吊架做进一步处理。

不妨设有“T”形结构如图 4-1 所示，两个直管单元，一个吊架单元，则组合刚度矩阵可以写成：

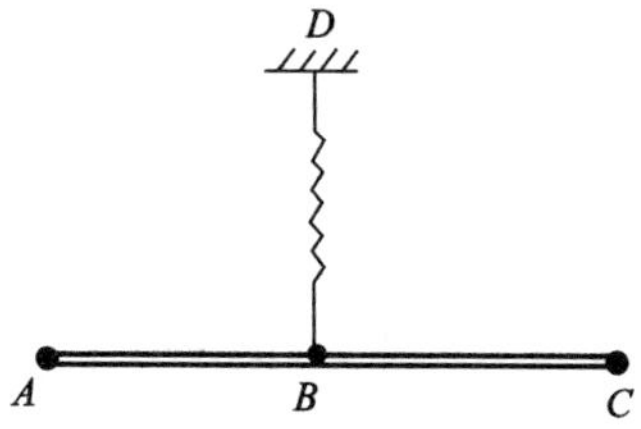

图 4-1

$$
\boldsymbol{K}_C = \begin{bmatrix} \boldsymbol{K}_{AA} & \boldsymbol{K}_{AB} & \boldsymbol{0} & \boldsymbol{0} \\ \boldsymbol{K}_{BA} & \boldsymbol{K}_{BB} + \boldsymbol{K}_{BB}^* & \boldsymbol{K}_{BC} & \boldsymbol{K}_{BD}^* \\ \boldsymbol{0} & \boldsymbol{K}_{CB} & \boldsymbol{K}_{CC} & \boldsymbol{0} \\ \boldsymbol{0} & \boldsymbol{K}_{DB}^* & \boldsymbol{0} & \boldsymbol{K}_{DD} \end{bmatrix} \tag{4-2}
$$

其中，管道 ABC 的组合刚度矩阵为

$$
\boldsymbol{K}_{ABC} = \begin{bmatrix} \boldsymbol{K}_{AA} & \boldsymbol{K}_{AB} & \boldsymbol{0} \\ \boldsymbol{K}_{BA} & \boldsymbol{K}_{BB} & \boldsymbol{K}_{BC} \\ \boldsymbol{0} & \boldsymbol{K}_{CB} & \boldsymbol{K}_{DD} \end{bmatrix} \tag{4-3}
$$

而

$$
\boldsymbol{K}^* = \begin{bmatrix} \boldsymbol{K}_{BB}^* & \boldsymbol{K}_{BD}^* \\ \boldsymbol{K}_{DB}^* & \boldsymbol{K}_{DD}^* \end{bmatrix} \tag{4-4}
$$

系统的作用力方程可写成

$$
\boldsymbol{K}_C \begin{Bmatrix} \boldsymbol{D}_A \\ \boldsymbol{D}_B \\ \boldsymbol{D}_C \\ \boldsymbol{D}_D \end{Bmatrix} = \begin{Bmatrix} \boldsymbol{F}_A \\ \boldsymbol{F}_B \\ \boldsymbol{F}_C \\ \boldsymbol{F}_D \end{Bmatrix} \tag{4-5}
$$

由于 $\boldsymbol{D}_D=\boldsymbol{0}$，故可在组合刚度矩阵 $\boldsymbol{K}_C$ 中去掉与 $\boldsymbol{D}_D$ 相对应的行和列，而使系统的组合刚度矩阵变成

$$
\boldsymbol{K}' = \begin{bmatrix} \boldsymbol{K}_{AA} & \boldsymbol{K}_{AB} & \boldsymbol{0} \\ \boldsymbol{K}_{BA} & \boldsymbol{K}_{BB} + \boldsymbol{K}_{BB}^* & \boldsymbol{K}_{BC} \\ \boldsymbol{0} & \boldsymbol{K}_{CB} & \boldsymbol{K}_{CC} \end{bmatrix} \tag{4-6}
$$

这样便可去掉吊架单元，而在不考虑吊架时组合起来的总体刚度矩阵上作一些修改。具体地，对于管系中的结点 i，当它与一弹簧吊架相连时，则在原总体刚度矩阵中的对角线元素 K_{jj} 上附加弹簧吊架的弹簧常数 k，这里的 j 为第$(6i-3)$个位移分量所对应的结构自由度数。

上面的处理方法，即考虑了弹簧吊架的影响，又不增加单元和结点数目。

由于一般的架空热力管道系统中各结点的位移都有水平和铅垂分量，从而弹簧吊架中的弹簧拉力也就有水平分量，故弹簧吊架中的力与管系的热胀位移也存在有一定的关系，现作近似分析如下。

设在产生热胀位移时，管道与吊架连接处的坐标由(x,y,z)位移到$(x+u,y+v,z+w)$点，并设吊装点的固定坐标为(x_0,y_0,z_0)点(图 4-2)，则弹簧吊架在位移前后的附加变形为

$$\Delta l = \sqrt{[x_0-(x+u)]^2+[y_0-(y+v)]^2+[z_0-(z+w)]^2} - \sqrt{(x_0-x)^2+(y_0-y)^2+(z_0-z)^2}$$

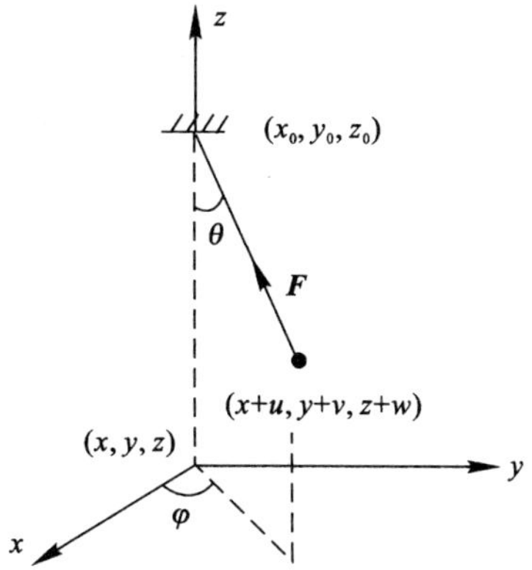

图 4-2

在一般情况下，有 $x=x_0$, $y=y_0$, $z-z_0=e$。

即有

$$\Delta l = \sqrt{u^2+v^2+(l-w)^2} - l \approx (l-w)\sqrt{1+\frac{u^2+v^2}{l^2}} - l$$

由于弹簧吊架的长度 l 与结点位移 u,v,w 相比满足

$$u \ll l,\ v \ll l,\ w \ll l$$

故上式可近似得出

$$\Delta l \approx (l-w)\left(1+\frac{1}{2}\frac{u^2+v^2}{l^2}\right)-l \approx$$

$$\frac{l}{2}\frac{u^2+v^2}{l^2}-w \tag{4-7}$$

弹簧中的力

$$F = F_0 - kw + \frac{kl}{2}\frac{u^2+v^2}{l^2} \tag{4-8}$$

其中，F_0 为弹簧吊架中的预拉力。

弹簧力的坐标轴上的投影为

$$F_x = -F\sin\theta\cos\varphi$$

$$F_y = -F\sin\theta\sin\varphi$$

$$F_z = F\cos\theta$$

其中，按几何关系，有

$$\sin\theta \approx \frac{\sqrt{u^2+v^2}}{l},\ \cos\theta \approx 1$$

$$\sin\varphi = \frac{v}{\sqrt{u^2+v^2}},\ \cos\varphi = \frac{u}{\sqrt{u^2+v^2}}$$

由此得

$$\begin{cases} F_x \approx -F\dfrac{u}{l} \\ F_y \approx -F\dfrac{v}{l} \\ F_z = F \end{cases} \tag{4-9}$$

根据以上分析，可得到弹簧吊架的近似处理方法如下：

a. 在管道与弹簧吊架的连接处设立结点，注明结点类型。给出弹簧吊架的基本数据：弹簧常数 k，弹簧吊架长度 l，弹簧中的预拉力 F_0。当给出安装裕量 w_0 时，有 $F_0=kw_0$。

b. 在组合后的总体刚度矩阵中加上弹簧吊架的影响因素。

c. 根据求得的结点位移计算弹簧中的力。

d. 在迭代过程中，把弹簧力的水平分量 F_x，F_y 的影响因素考虑到总体刚度矩阵中去。具体方法是：在与 u 对应的总刚主对角元素及与 v 对应的总刚主对角元素上都加上一个值 F/l. 与滑动支架相比较，若把弹簧吊架也做为滑动支架一样处理的话，应有 $\zeta=F/l$，当量摩擦系数为

$$\mu \approx \frac{\sqrt{u^2+v^2}}{l}$$

§4.3 弹性抗弯铰模型在管系结构分析中的应用

用有限单元法对管系进行结构分析时，对弯管的处理方法一般有两种：一是用与弯管截面相等的几根直管组成的折线管来代替弯管；二是使用弯管单元。这两类方法普遍存在的问题是，由于一般情况下架空热力管道系统的直管段长度与弯管长度相差很大，用有限单元法求解时存在单元形态问题，影响计算精度，占有较大的计算机内存空间。已经证明，在弯管段长度与直段长度比值很小时，可以用“弹簧抗弯铰”模型来代替弯头，下面以平面“U”形管系为例，讨论管道弯头的力学简化模型——弹性抗弯铰在管系结构分析中的应用。

4.3.1 弹性抗弯铰模型的单元刚度矩阵

用弹性抗弯铰来代替弯头，即把弯头简化成一个忽略几何尺寸，只考虑抗弯特性的“点”单元(见图 4-3)，则容易得到弹性抗弯铰模型单元刚度矩阵，为了方便起见，只以平面管系为例，弹性抗弯铰模型单元的单元刚度矩阵为

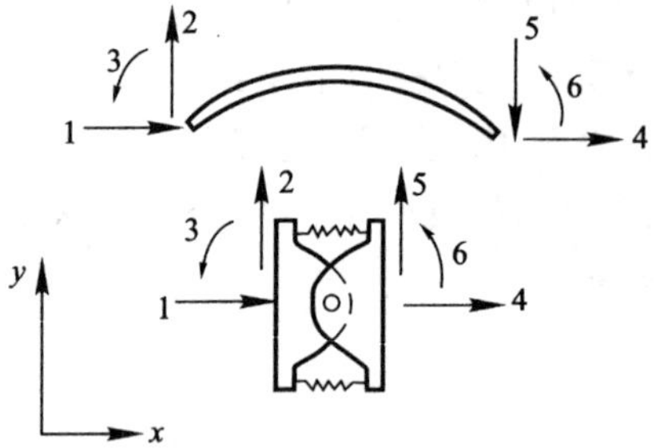

图 4-3　弯头单元的简化模型

$$
K^{*}=\begin{bmatrix}
10^{n} & & & & & \\
0 & 10^{n} & 对 & & & \\
0 & 0 & k & & & \\
-10^{n} & 0 & 0 & 10^{n} & 称 & \\
0 & -10^{n} & 0 & 0 & 10^{n} & \\
0 & 0 & -k & 0 & 0 & k
\end{bmatrix} \tag{4-10}
$$

其中，n 代表一个大数；k 为弹性抗弯铰的抗弯刚度。

4.3.2　平面“U”形管系的组合刚度矩阵

设有平面“U”形管系，三根直管段，两个弯头(图 4-4(a))。用弹性抗弯铰来代替弯头，得到另一个模型管系，见图 4-4(b)。对模型管系进行划分，其结点、单元和自由度编号如图 4-4(c)所示。为了便于讨论，不妨设各单元坐标系与整体坐标系一致。

根据图 4-4(c)所示的单元和结点划分，可以分别写出各直管单元和弹性抗弯铰模型单元的单元刚度矩阵，各单元刚度矩阵写成分块矩阵的形式如下。

8 直管单元 AB：

$$
K_{AB}=\begin{bmatrix} K_{11} & K_{12} \\ K_{21} & K_{22} \end{bmatrix} \tag{4-11}
$$

弯管单元 B：

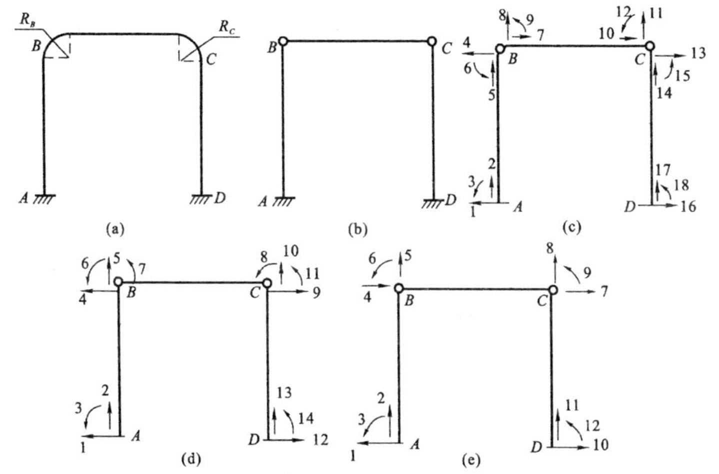

图 4-4　U 形管系的简化

$$\boldsymbol{K}_B^* = \begin{bmatrix} \boldsymbol{K}_{11}^* & \boldsymbol{K}_{23}^* \\ \boldsymbol{K}_{32}^* & \boldsymbol{K}_{33}^* \end{bmatrix} \tag{4-12}$$

直管单元 BC：

$$\boldsymbol{K}_{BC} = \begin{bmatrix} \boldsymbol{K}_{33} & \boldsymbol{K}_{34} \\ \boldsymbol{K}_{43} & \boldsymbol{K}_{44} \end{bmatrix} \tag{4-13}$$

弯管单元 C：

$$\boldsymbol{K}_C^* = \begin{bmatrix} \boldsymbol{K}_{44}^* & \boldsymbol{K}_{45}^* \\ \boldsymbol{K}_{54}^* & \boldsymbol{K}_{55}^* \end{bmatrix} \tag{4-14}$$

直管单元 CD：

$$\boldsymbol{K}_{CD} = \begin{bmatrix} \boldsymbol{K}_{55} & \boldsymbol{K}_{56} \\ \boldsymbol{K}_{65} & \boldsymbol{K}_{66} \end{bmatrix} \tag{4-15}$$

式(4-12)和式(4-14)形式如式(4-10)。把式(4-10)中的抗弯刚度 k 变化成 k_B 便成为式(4-12)，同样，把式(4-10)中的 k 变成 k_C 便成为式(4-14)。

由以上各式得出平面“U”形管系的组合刚度矩阵为

$$
\tilde{\boldsymbol{K}}_C = \begin{bmatrix}
\boldsymbol{K}_{11} & & \text{对} & & & \\
\boldsymbol{K}_{21} & \boldsymbol{K}_{22} + \boldsymbol{K}_{22}^* & & & & \\
\boldsymbol{0} & \boldsymbol{K}_{32}^* & \boldsymbol{K}_{33}^* + \boldsymbol{K}_{33} & & \text{称} & \\
\boldsymbol{0} & \boldsymbol{0} & \boldsymbol{K}_{43} & \boldsymbol{K}_{44} + \boldsymbol{K}_{44}^* & & \\
\boldsymbol{0} & \boldsymbol{0} & \boldsymbol{0} & \boldsymbol{K}_{54}^* & \boldsymbol{K}_{55}^* + \boldsymbol{K}_{55} & \\
\boldsymbol{0} & \boldsymbol{0} & \boldsymbol{0} & \boldsymbol{0} & \boldsymbol{K}_{56} & \boldsymbol{K}_{66}
\end{bmatrix} \tag{4-16}
$$

式中各分块矩阵由式(4-11)～(4-15)确定。

4.3.3　组合刚度矩阵的缩并与凝聚

根据弹性抗弯铰模型的基本假定，把结点 2 和 3 以及结点 4 和 5 的线位移进行合并，即把相同的位移用同一变量来表示，这样便可把图 4-4(c)的位移模式变换成图 4-4(d)的形式，其中位移间的变换关系为

$$
\begin{array}{lll}
D_1 = D_1' & D_2 = D_2' & D_3 = D_3' \\
D_4 = D_7 = D_4' & D_5 = D_8 = D_5' & D_6 = D_6' \\
D_9 = D_6' + D_7' & D_{10} = D_{13} = D_9' & D_{11} = D_{14} = D_{10}' \\
D_{12} = D_{11}' - D_8' & D_{15} = D_{11}' & D_{16} = D_{12}' \\
D_{17} = D_{13}' & D_{18} = D_{14}' &
\end{array}
$$

为了推导方便，把由于弯头柔性所产生的附加转动位移 D_7' 和 D_8' 都集中在直管单元 BC 上，D_7' 表示弯头 B 的附加转动位移，D_8' 表示弯头 C 的附加转动位移。

以上各式写成矩阵形式为

$$
\boldsymbol{D} = \boldsymbol{T}\boldsymbol{D}' \tag{4-17}
$$

其中

$$
\boldsymbol{D} = (D_1 \quad D_2 \quad \cdots \quad D_{18})^{\mathrm{T}}
$$
$$
\boldsymbol{D}' = (D_1' \quad D_2' \quad \cdots \quad D_{14}')^{\mathrm{T}}
$$

由此得到系统缩并后(图 4-4(d))的总体刚度矩阵为

$$\tilde{\boldsymbol{K}}_C' = \boldsymbol{T}^{\mathrm{T}}\tilde{\boldsymbol{K}}_C\boldsymbol{T} \tag{4-18}$$

系统位移法方程可以写成

$$\tilde{\boldsymbol{K}}_C'\boldsymbol{D}' = \boldsymbol{P}' \tag{4-19}$$

式中，$P' = (P_1' \quad P_2' \quad \cdots \quad P_{14}')^{\mathrm{T}}$ 表示对应于图 4-4(d)所示的位移分量的结点载荷和等效结点载荷。

为了把弯头的柔性在直管单元上表现出来，对方程(4-19)进行静力凝聚，记

$$\boldsymbol{D}_1' = (D_1' \quad D_2' \quad D_3' \quad D_4' \quad D_5' \quad D_6')^{\mathrm{T}}$$
$$\boldsymbol{D}_2' = (D_7' \quad D_8')^{\mathrm{T}}$$
$$\boldsymbol{D}_3' = (D_9' \quad D_{10}' \quad D_{12}' \quad D_{13}' \quad D_{14}')^{\mathrm{T}}$$

可把方程(4-19)写成分块矩阵的形式：

$$\begin{bmatrix} \boldsymbol{K}_{11}' & \boldsymbol{K}_{12}' & \boldsymbol{K}_{13}' \\ \boldsymbol{K}_{21}' & \boldsymbol{K}_{22}' & \boldsymbol{K}_{23}' \\ \boldsymbol{K}_{31}' & \boldsymbol{K}_{32}' & \boldsymbol{K}_{33}' \end{bmatrix} \begin{bmatrix} \boldsymbol{D}_1' \\ \boldsymbol{D}_2' \\ \boldsymbol{D}_3' \end{bmatrix} = \begin{bmatrix} \boldsymbol{P}_1' \\ \boldsymbol{P}_2' \\ \boldsymbol{P}_3' \end{bmatrix} \tag{4-20}$$

其展开式为

$$\boldsymbol{K}_{11}' + \boldsymbol{D}_1' + \boldsymbol{K}_{12}'\boldsymbol{D}_2' + \boldsymbol{K}_{13}'\boldsymbol{D}_3' = \boldsymbol{P}_1' \tag{4-21}$$

$$\boldsymbol{K}_{21}' + \boldsymbol{D}_1' + \boldsymbol{K}_{22}'\boldsymbol{D}_2' + \boldsymbol{K}_{23}'\boldsymbol{D}_3' = \boldsymbol{P}_2' \tag{4-22}$$

$$\boldsymbol{K}_{31}' + \boldsymbol{D}_1' + \boldsymbol{K}_{32}'\boldsymbol{D}_2' + \boldsymbol{K}_{33}'\boldsymbol{D}_3' = \boldsymbol{P}_3' \tag{4-23}$$

由式(4-22)得

$$\boldsymbol{D}_2' = \boldsymbol{K}_{22}'^{-1}(\boldsymbol{P}_2' - \boldsymbol{K}_{21}'\boldsymbol{D}_1' - \boldsymbol{K}_{23}'\boldsymbol{D}_3') \tag{4-24}$$

代入式(4-21)和(4-23)，经整理可得：

$$\begin{bmatrix} \boldsymbol{K}_{11}' - \boldsymbol{K}_{12}'\boldsymbol{K}_{22}'^{-1}\boldsymbol{K}_{21}' & \boldsymbol{K}_{13}' - \boldsymbol{K}_{12}'\boldsymbol{K}_{22}'^{-1}\boldsymbol{K}_{23}' \\ \boldsymbol{K}_{31}' - \boldsymbol{K}_{32}'\boldsymbol{K}_{22}'^{-1}\boldsymbol{K}_{21}' & \boldsymbol{K}_{33}' - \boldsymbol{K}_{32}'\boldsymbol{K}_{22}'^{-1}\boldsymbol{K}_{23}' \end{bmatrix} \begin{bmatrix} \boldsymbol{D}_1' \\ \boldsymbol{D}_3' \end{bmatrix} = \begin{bmatrix} \boldsymbol{P}_1' - \boldsymbol{K}_{12}'\boldsymbol{K}_{22}'^{-1}\boldsymbol{P}_2' \\ \boldsymbol{P}_3' - \boldsymbol{K}_{32}'\boldsymbol{K}_{22}'^{-1}\boldsymbol{P}_2' \end{bmatrix}$$

这样便可把附加位移 $\boldsymbol{D}_7'$，$\boldsymbol{D}_8'$ 静力凝聚掉，基本位移量由 14 个减少到 12 个(图 4-4(e))。

方程可以简化为

$$\tilde{\boldsymbol{K}}''_C \boldsymbol{D}'' = \boldsymbol{P}'' \tag{4-25}$$

其中

$$\boldsymbol{D}'' = \{D''_1 \quad D''_2 \quad \cdots \quad D''_{12}\}^{\mathrm{T}}$$

$$\tilde{\boldsymbol{K}}''_C = \begin{bmatrix} \boldsymbol{K}'_{11} - \boldsymbol{K}'_{12}\boldsymbol{K}'^{-1}_{22}\boldsymbol{K}'_{21} & \boldsymbol{K}'_{13} - \boldsymbol{K}'_{12}\boldsymbol{K}'^{-1}_{22}\boldsymbol{K}'_{23} \\ \boldsymbol{K}'_{31} - \boldsymbol{K}'_{32}\boldsymbol{K}'^{-1}_{22}\boldsymbol{K}'_{21} & \boldsymbol{K}'_{33} - \boldsymbol{K}'_{32}\boldsymbol{K}'^{-1}_{22}\boldsymbol{K}'_{23} \end{bmatrix} \tag{4-26}$$

为静凝聚后的系统，即图 4-4(e)的总体刚度矩阵。

4.3.4 具有结点柔性的直管单元的单元刚度矩阵和等效节点载荷

从以上的分析中可以看出，当管系中的直管段长度与弯管段相比很大时，可以用弹性抗弯铰来代替弯头，以减少系统自由度数。同时，对式(4-26)中的刚度矩阵元素进行分析，可以把静力凝聚后的管道系统的总体刚度矩阵分解成以下三个单元刚度矩阵的组合：

$$\tilde{\boldsymbol{K}}''_C = \boldsymbol{K}''_{AB} \cup \boldsymbol{K}''_{BC} \cup \boldsymbol{K}''_{CD} \tag{4-27}$$

式中，$\boldsymbol{K}''_{AB}$、$\boldsymbol{K}''_{BC}$和 $\boldsymbol{K}''_{CD}$分别表示凝聚系统中单元 AB、BC 和 CD 的单元刚度矩阵。其中 AB 和 CD 单元刚度矩阵无变化，而单元 BC 的两端带有抗弯铰，单元刚度矩阵有变化。设不带弹性抗弯铰的直管单元 BC 的单元刚度矩阵为 $\boldsymbol{K}_{BC}=(k_{ij})_{6\times 6}$，则两端带有弹性抗弯铰的直管单元 BC 的单元刚度矩阵为

$$\boldsymbol{K}''_{BC} = (k''_{ij})_{6\times 6}$$

其中

$$\begin{aligned} k''_{ij} = k_{ij} - \frac{1}{R}\{&(k_B + k_{33})k_{i6}k_{j6} + \\ &(k_C + k_{66})k_{i3}k_{j3} - k_{36}(k_{i3}k_{j6} + k_{ij}k_{i6})\} \\ &(i,j = 1,2,\cdots,6) \end{aligned} \tag{4-28}$$

式中

$$R=(k_B+k_{33})(k_C+k_{66})-k_{36}^2$$

为了讨论方便，引入结点柔性的概念。设有一平面直管单元 AB，两端有弯矩 M 作用(图 4-5)，如果在结点 A(或 B)的无穷小邻域里结点转动有突变，则称此结点 A(或 B)具有柔性，称此直管单元为具有结点柔性的直管单元。很显然，两端带有弹性抗弯铰的直管单元为具有结点柔性的直管单元。

图 4-5 具有结点柔性的平面直管单元

根据前面的讨论，若图 4-5 所示的具有结点柔性的平面直管单元 AB 的两端抗弯刚度分别以 k_A 和 k_B 表示，则此具有结点柔性的平面直管单元的单元刚度矩阵为：

$$\boldsymbol{K}''=(k_{ij}'')_{6\times6}$$

其中

$$k_{ij}''=k_{ij}-\frac{1}{R}\{(k_A+k_{33})k_{i6}k_{j6}+$$
$$(k_B+K_{66})k_{i3}k_{j3}-k_{36}(k_{i3}k_{j6}+k_{j3}k_{i6})\}$$
$$(i,j=1,2,\cdots,6)$$

式中

$$R=(k_A+k_{33})(k_B+k_{66})-k_{33}^2$$

$k_{ij}(i,j=1,2,\cdots,6)$为一般平面直管单元的单元刚度矩阵的元素，这样，便可由一般的平面直管单元的单元刚度矩阵求出具有结点柔性的平面直管单元的单元刚度矩阵。

为了确定具有结点柔性的直管单元的等效结点载荷，我们令 B 端固定，A 端自由(图 4-6)，则由于升温 ΔT 和载荷 q 作用下的 A 端位移 $\boldsymbol{D}_A^q$ 为

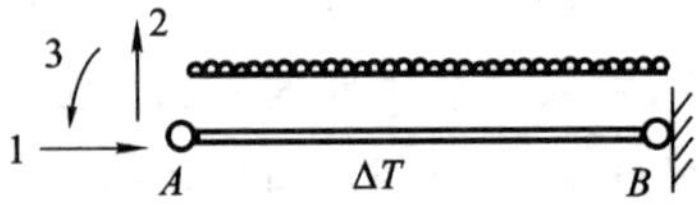

图 4-6　确定等效结点载荷

$$\boldsymbol{D}_A^q = \begin{bmatrix} u_A \\ v_A \\ \theta_A \end{bmatrix} = \begin{bmatrix} -\alpha \cdot \Delta T \cdot L \\ -\dfrac{qL^4}{8EJ} - \dfrac{qL^3}{2k_B} \\ \dfrac{qL^3}{6EJ} + \dfrac{qL^2}{2k_B} \end{bmatrix}$$

同理，令 B 端自由，A 端固定，由于升温 ΔT 和均布载荷 q 作用下的 B 端位移 $\boldsymbol{D}_B^q$ 为

$$\boldsymbol{D}_B^q = \begin{bmatrix} u_B \\ v_B \\ \theta_B \end{bmatrix} = \begin{bmatrix} \alpha \Delta T L \\ -\dfrac{qL^4}{8EJ} - \dfrac{qL^3}{2k_A} \\ -\dfrac{qL^3}{6EJ} - \dfrac{qL^2}{2k_A} \end{bmatrix}$$

则根据第三章的讨论，单元的等效结点载荷为

$$\boldsymbol{P}^q = \begin{bmatrix} \boldsymbol{P}_A^q \\ \boldsymbol{P}_B^q \end{bmatrix} = \begin{bmatrix} \boldsymbol{K}_{AA}\boldsymbol{D}_A^q \\ \boldsymbol{K}_{BB}\boldsymbol{D}_B^q \end{bmatrix} = \begin{bmatrix} \boldsymbol{K}_{AA} & \boldsymbol{0} \\ \boldsymbol{0} & \boldsymbol{K}_{BB} \end{bmatrix} \begin{bmatrix} \boldsymbol{D}_A^q \\ \boldsymbol{D}_B^q \end{bmatrix}$$

式中，$\boldsymbol{K}_{AB}$、$\boldsymbol{K}_{BB}$分别为具有结点柔性的平面直管单元的 A 点和 B 点的结点刚度矩阵。

上述讨论可以类似地推广到空间管系的情况。

4.3.5　计算简例与讨论

例题 1　设有铅垂面内的 U 形管道如图 4-7(a)所示，长度单位为 m，已知：弹性模量 $E=2.1\times10^5$ MPa，泊松系数 $\nu=0.3$，管道直径 $D=0.30$ m，管壁厚度 $t=0.006$ m，温度升高 $\Delta T=150$℃，热胀系数 $\alpha=0.000\ 012\ 4$℃$^{-1}$，管道自重 $N=0.001$ MN/m，不考虑内压和剪切影响，4 个弯头的尺寸和材料相同，曲率半径 $R=0.50$

m,材料性质与直管段相同。

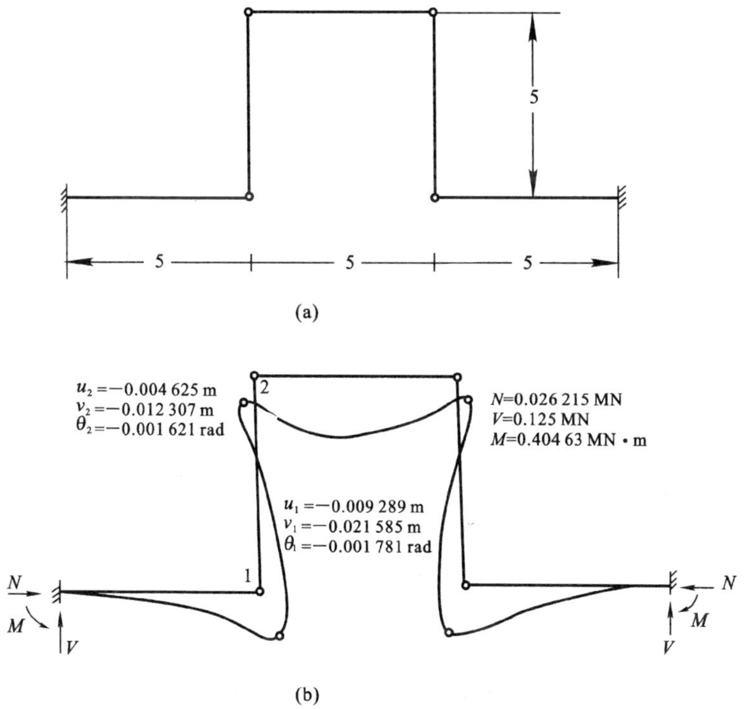

图 4-7　U 形管系

把整个管系划分为 5 个单元,6 个结点,把弯头简化为弹性抗弯铰作为柔性结点考虑的直管单元中去,位移的计算结果见图 4-7(b),固端反力为

$$N = 0.02\ 601\ 5\ \text{MN}$$

$$V = 0.012\ 5\ \text{MN}$$

$$M = 0.040\ 463\ \text{MN} \cdot \text{m}$$

该结果和利用法解静不定问题的计算结果完全一致,说明所讨论的刚度矩阵的凝聚及等效结点载荷的计算方法是正确的。

例题 2　水平 L 形架空热力管道见图 4-8,长度单位为 m,已

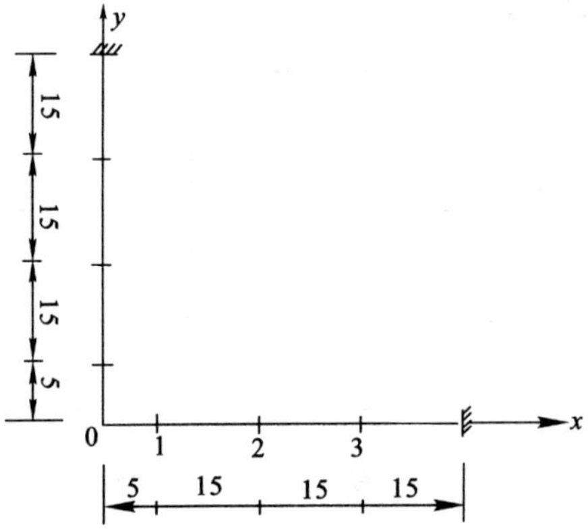

图 4-8　水平 L 形架空热力管道

知：$E=2.0\times10^5$ MPa，$\nu=0.3$，$D=0.72$ m，$t=0.009$ m，$\Delta T=240$℃，$\alpha=0.000\,012$℃$^{-1}$，$W=0.003\,1$ MN/m，$R=1.5\,D$，用不同的方法进行对比分析。

记本节所讨论的方法为方法Ⅰ，记第二章讨论的方法为方法Ⅱ，记把弯头作为单独单元（第三章）的方法为方法Ⅲ，三种方法的计算结果见附表。

附表 结点位移与弯头处内力

结　点	位移(内力)	摩擦系数 $\mu=0$			摩擦系数 $\mu=0.3$		
		方法Ⅰ	方法Ⅱ	方法Ⅲ	方法Ⅰ	方法Ⅱ	方法Ⅲ
0	轴向 u/m	0.144	0.141	0.143	0.144	0.144	0.142
	横向 v/m	0.144	0.144	0.143	0.144	0.144	0.142
1	轴向 u/m	0.130	0.130	0.130	0.129	0.129	0.120
	横向 v/m	0.130	0.130	0.132	0.118	0.117	0.123
2	轴向 u/m	0.086	0.086	0.086	0.086	0.086	0.086
	横向 v/m	0.075	0.075	0.077	0.044	0.041	0.047
3	轴向 u/m	0.043	0.043	0.043	0.043	0.043	0.043
	横向 v/m	0.023	0.023	0.021	0.006	0.005	0.007

续表

结 点	位移(内力)	摩擦系数 $\mu=0$			摩擦系数 $\mu=0.3$		
		方法Ⅰ	方法Ⅱ	方法Ⅲ	方法Ⅰ	方法Ⅱ	方法Ⅲ
弯头处内力	轴向力 N/MN 弯距 M/(MN·m)	0.002 0.036	0.002 0.037	0.002 0.038	0.011 0.061	0.012 0.068	0.011 0.063

由表中可以看出，三种方法得到的计算结果是非常接近的，这表明用弹性抗弯铰模型来替代弯头的方法可以应用在架空热力管道上，并能得到较好的计算结果。同时由于架空热力管道中有许多弯头，利用具有结点柔性的直管单元来处理这些弯头，可以减少单元和结点数目，节省计算机内存空间和计算时间。

§4.4 球形补偿器在管系结构分析中的处理

在石油化工热力管道的设计中，一个十分重要的问题是如何对管道中的热膨胀位移进行补偿，以保证管线的安全运行。最常见的补偿方式是利用弯头的柔性变形来吸收直管段的热胀位移，但这常常受到地形和工艺流程等诸方面的限制。球形补偿器(简称"球补")是管道热补偿的一项新技术，它具有补偿能力大、流体阻力小、管线热损失少、占地少等优点，已越来越广泛地应用于热力管道系统中。但在工程设计中对于球形补偿器的分析，却只有一些定性的讨论，缺乏定量的、系统的研究。

4.4.1 球形补偿器的力学模型

在管系结构中，球形补偿器的一般设置情况和动作示意图如图 4-9 所示。在管系受热膨胀后，球补起作用补偿热胀位移，变成虚线所示形状。

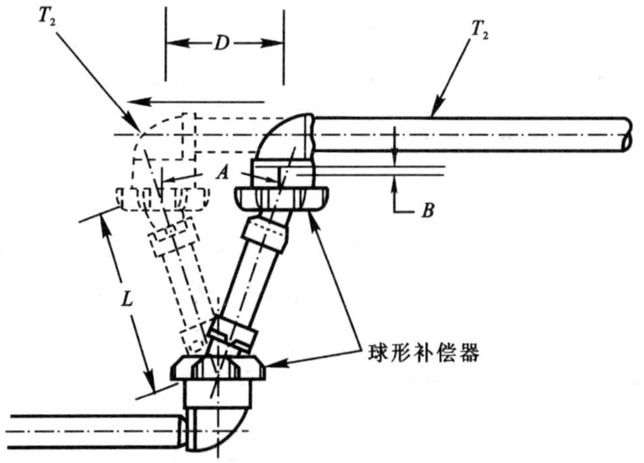

图 4-9　球形补偿器示意图

在管系结构中，由于球形补偿器的几何尺寸相对很小，可以简化成一个铰链处理。同时，由于球补本身的特性，在球补产生相对转动时，存在一个常数摩擦力矩（见图 4-10）。

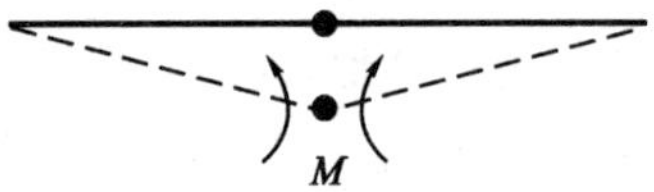

图 4-10　球形补偿器的简化模型

4.4.2　球形补偿器的元件分析

根据上述球形补偿器的简化考虑，图 4-9 所示的球补结构可以简化为图 4-11 所示的铰链结构。把管系在球补处分离并进行受力分析，同时注意到摩擦力矩的存在，可以做出球补的受力分析图（见图 4-12）。根据球补性质和图 4-12 受力关系，易知球补内力分量应具以下特点：

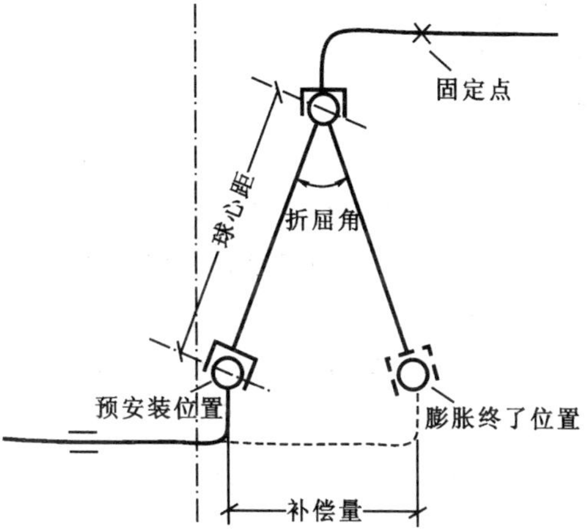

图 4-11　球形补偿器动作原理图

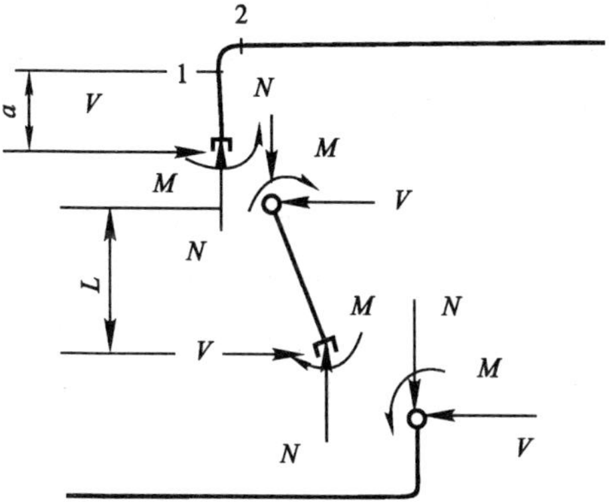

图 4-12　球形补偿器受力分析图

a. 由于 M 是常数摩擦力矩，应与相对转动方向相反。

b. 在球补内侧没有滑动支架的情况下，剪力 V 和弯矩 M 应具平衡关系：

$$V = 2M/L \tag{4-29}$$

c. 轴力 N 由球补段本身的静力关系无法确定，必须根据管道系统的结构分析决定。

由受力分析图 4-12 还可容易看出，紧靠球补处的那个弯头两端的弯矩应为

$$M_1 = M + V \cdot a \tag{4-30}$$

$$M_2 = M + V(a + R) - N \cdot R \tag{4-31}$$

其中，a 为球补到弯头的直管段长度；R 为弯头的曲率半径。

由此可知，欲使此弯头所受的弯矩值降低，应采取以下措施：

a. 尽量采用质量较高、摩擦力矩较小的球形补偿器。当然这要考虑到温度、压力、输送介质以及经济等各方面的因素。

b. 在条件允许的情况下适当增大球补间距 L 以减小球补处的剪力 V。

c. 尽量缩短力臂长度 a。

d. 在上下直管靠近弯头处设置导向支架以限制管子的横向位移，使轴力 N 适当增加。但导向支架距离弯头不能太近，以防止球补段 L 的热胀（包括由于球补转动所产生的位移影响）得不到释放而出现失稳。

应该指出，为了考查轴力 N 的影响，应对管系进行较精确的系统结构分析。当球补间距 L 较大、一对球补之间设置滑动支架时，支架摩擦力的存在使得球补处的剪力重新分配，将不再符合 $V=2M/L$ 的关系，此情况下球补的剪力值也应通过管道系统较精确的结构分析来解决。

4.4.3　球形补偿器在管系结构分析中的处理

既然球形补偿器可以简化为一个具有上述力学特性的铰链模型，在我们对管道系统进行结构分析时，球补的作用可按以下几种方法纳入系统计算。

4.4.3.1　读入单元刚度矩阵法

根据铰链处位移连续而转角不连续的性质，把铰链作为一个特殊单元，用读入单元刚度矩阵的方法处理。不失一般性，对于平

面管系中的球形补偿器，其读入单元刚度矩阵为

$$
\boldsymbol{K}=\begin{bmatrix}
10^n & 0 & 0 & -10^n & 0 & 0\\
0 & 10^n & 0 & 0 & -10^n & 0\\
0 & 0 & 0 & 0 & 0 & 0\\
-10^n & 0 & 0 & 10^n & 0 & 0\\
0 & -10^n & 0 & 0 & 10^n & 0\\
0 & 0 & 0 & 0 & 0 & 0
\end{bmatrix} \tag{4-32}
$$

其中，n 为一个大数。

球形补偿器的摩擦力矩作为结点载荷输入，方向如前所述。

这种常规的处理方法所普遍存在的一个问题是计算机的计算精度。尽管在理论上当 $n\to\infty$ 时铰链处的位移连续、转角不连续的条件能精确满足，但在计算机上进行数据计算时，n 值过大会使总体刚度矩阵成为奇异矩阵，并且对于不同类型的计算机，其计算精度不同，n 的取值也不能一定。同时 n 的取值还应该考虑到其他的刚度元素的数值。由于这些因素，读入单元刚度矩阵的方法解决铰链问题受到了一定的限制。

4.4.3.2 “柔性结点”处理法

如前所述，球形补偿器简化为一个铰链模型，在管系结构分析中，当做为一个重复结点单元读入单元刚度矩阵时，由于计算机的计算精度而影响计算结果。同时这种重复结点读入单刚的方法也增加了系统的结点和单元总数，使系统的自由度增加，从而多占计算机内存空间，增加计算时间。

根据前面§4.3的讨论，可以把球形补偿器的简化模型看做一个特殊的“柔性结点”。因此一对球补及其中间连接管可以合并处理为一个两端具有柔性的直管单元纳入管系结构计算，从而可以达到简化计算、提高精度的目的。

由式(4-28)知，设两端为刚性结点的平面直管单元 AB 的单元刚度矩阵为 $\boldsymbol{K}^e=(k_{ij})^e$，则两端为柔性结点的平面直管单元的单元刚度矩阵为

$$\boldsymbol{K}''^{e} = (k''_{ij})^{e}$$

其中

$$k''_{ij} = k_{ij} - \frac{1}{R}[(K_A + k_{33})k_{i6}k_{j6} + (K_B + k_{66})k_{i3}k_{j3} - k_{36}(k_{i3}k_{j6} + k_{j3}k_{ij6})] \quad (i,j = 1,2,\cdots,6)$$

式中

$$R = (K_A + k_{33})(K_B + k_{66}) - k_{36}^2$$

K_A,K_B 分别为结点 A、B 的抗弯刚度(参见图 4-5)。

讨论:

a. 当 $K_A=0$,$K_B=\infty$时,即 A 为铰链结点,B 为刚性结点,则上式变成

$$k''_{ij} = k_{ij} - \frac{k_{i3}k_{j3}}{k_{33}} \qquad (i,j = 1,2,\cdots,6) \tag{4-33}$$

b. 当 $K_A=\infty$,$K_B=0$ 时,即 A 为刚性结点,B 为铰链结点,此时单元刚度矩阵的元素为

$$k''_{ij} = k_{ij} - \frac{k_{i6}k_{j6}}{k_{66}} \qquad (i,j = 1,2,\cdots,6) \tag{4-34}$$

c. 当 $K_A=K_B$ 时,即 A、B 皆为铰链结点,此时单元刚度矩阵的元素为

$$k''_{ij} = k_{ij} - \frac{1}{k_{33}k_{66} - k_{36}^2}[k_{33}k_{i6}k_{j6} + k_{66}k_{i3}k_{j3} - k_{36}(k_{i3}k_{j6} + k_{j3}k_{i6})] \quad (i,j = 1,2,\cdots,6) \tag{4-35}$$

4.4.4 球形补偿器起补偿作用时摩擦力矩的处理

根据前面的讨论,当把球形补偿器作为读入单元刚度矩阵的单元处理时,我们可以把球形补偿器在管系热胀起作用时的常数摩擦力矩作为结点载荷输入(见图 4-13)。

但当把球形补偿器作为一个管单元的柔性端点处理时,球形

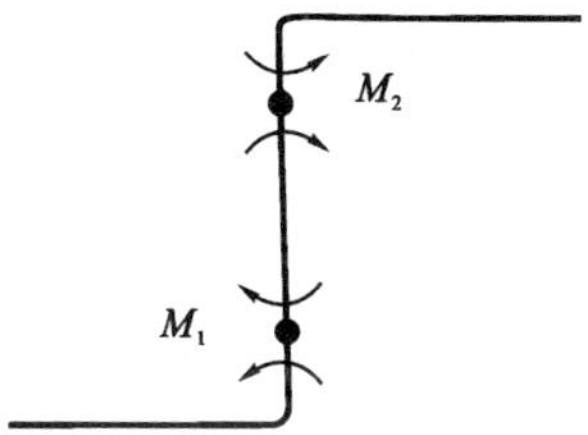

图 4-13

补偿器常数摩擦力矩的输入需作进一步的讨论：

a. 如果连续两个球补的管单元中部没有滑动支架，设常数摩擦力矩分别为 M_1 和 M_2，则根据平衡原理，端点处的剪力为 $V=(M_1+M_2)/L$。在进行管系结构分析时，摩擦力矩的输入可按图 4-14 所示的结点载荷处理。

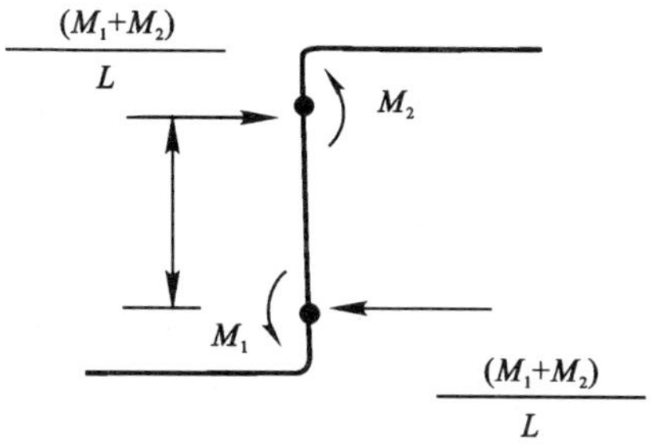

图 4-14

b. 如果连续两个球补的管单元中部设有滑动支架，则应在支架处设置结点，两个球补及其中间直管被划分为两个一端为铰链结点、一端为刚性结点的直管单元，在进行管系结构分析时，摩擦力矩的输入可按图 4-15 所示的结点载荷处理。

比较而言，把球形补偿器作为“柔性结点”的处理方法消除了读入单元刚度矩阵中由于大数 n 的取值而引起的计算误差，并且节省了单元和结点数目，简化了使用手续，但需要指出的是，在这种情况下，铰结点处的弯矩将无输出值，需要时可以根据相邻结点

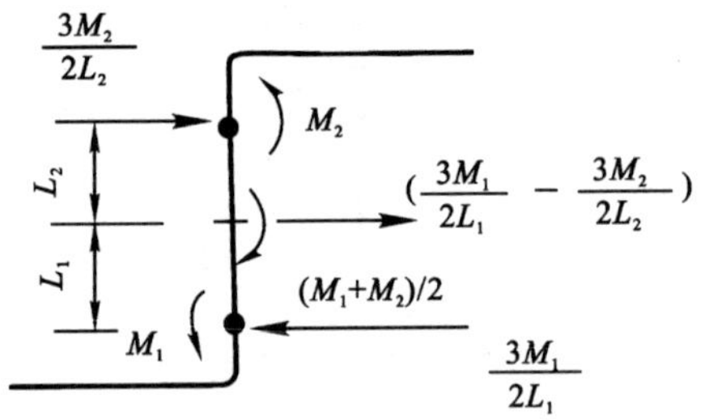

图 4-15

处的内力值决定。

§4.5 套筒补偿器在管系结构分析中的处理

4.5.1 套筒补偿器及其简化

热力管网在特殊情况下有时使用套筒补偿器。套筒补偿器具有安装简单、占地少、补偿能力较大、流体阻力较小等优点，它的缺点是：轴向推力大，造价高，易漏水、漏气，要求经常检修和更换填料。

套筒补偿器的结构示意图如图 4-16 所示。根据套筒补偿器的结构特点考虑，在结构分析中，套筒补偿器可近似处理成一个受常数轴向摩擦力的滑动单元(见图 4-17)，它的特点是轴向位移不连续。若假设为平面管系，则套筒补偿器单元的读入单元刚度矩阵为

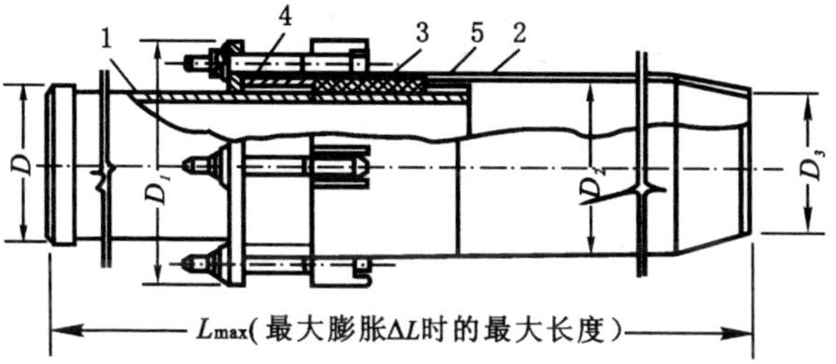

图 4-16 套筒补偿器

1—芯管;2—壳体;3—填料图;

4—前压兰;5—后压兰

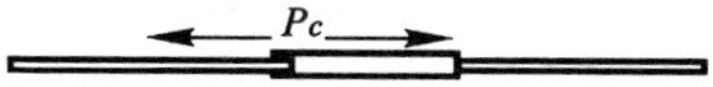

图 4-17 套筒补偿器的简化

$$\boldsymbol{K}=\begin{bmatrix}0&0&0&0&0&0\\0&10^n&0&0&-10^n&0\\0&0&10^n&0&0&-10^n\\0&0&0&0&0&0\\0&-10^n&0&0&10^n&0\\0&0&-10^n&0&0&10^n\end{bmatrix}\tag{4-36}$$

套筒补偿器在管系结构分析中轴向摩擦力作为结点载荷输入,如图 4-17 所示。

4.5.2 套筒补偿器轴向摩擦力的计算

套筒补偿器补偿热胀位移时,要受到套筒与填料间相对滑动产生的摩擦力以及由拉紧螺钉产生的摩擦力作用,其中,由内压力产生的摩擦力为

当 D_g=150～400 mm 时,$p_e=2\pi Dp\mu B$ (kg) (4-37)

当 D_g=400～800 mm 时,$p_e=1.75\pi Dp\mu B$ (kg) (4-38)

式中,D 为套筒补偿器套管外径,cm;

p 为管内介质工作压力，kg/cm^2；

μ 为填料与管道的摩擦系数，橡胶填料 $\mu=0.15$，油浸和涂石墨的石棉圈 $\mu=0.1$；

B 为填料的长度，cm。

而由拉紧螺钉产生的摩擦力为

$$p_e = \frac{400\ n}{f} DB\ (\text{kg}) \tag{4-39}$$

式中，f 为填料的横截面积，cm^2；

n 为螺钉数。

§4.6　架空热力管道系统中滚柱支架的应用与分析

对于一般的摩擦接触问题，一个基本的假设是接触面的各向同性，即在接触面的各个方向上摩擦系数是相同的。我们前面的讨论也是依赖于这一假设，然后根据库仑摩擦定律建立摩擦约束处摩擦力与位移之间的关系。但在架空热力管道系统中，滚柱支架的设置破坏了这一基本假设，因为对于滚柱支架，沿滚柱轴向和横向的摩擦系数是不同的。在这种情况下，应对前面提出的变弹簧系数迭代法进行必要的修正。

参见图 4-18，设物体在水面上沿 x 和 y 方向的摩擦系数分别为 μ_x 和 μ_y，物体在平面上的位移为

$$\boldsymbol{u} = u\boldsymbol{i} + v\boldsymbol{j}$$

物体所受的摩擦力

$$\boldsymbol{F} = F_x\boldsymbol{i} + F_y\boldsymbol{j}$$

若物体对水平面的正压力为 N，则当物体沿 x 方向位移时，$\boldsymbol{u}=u\boldsymbol{i}$，所受的摩擦力为

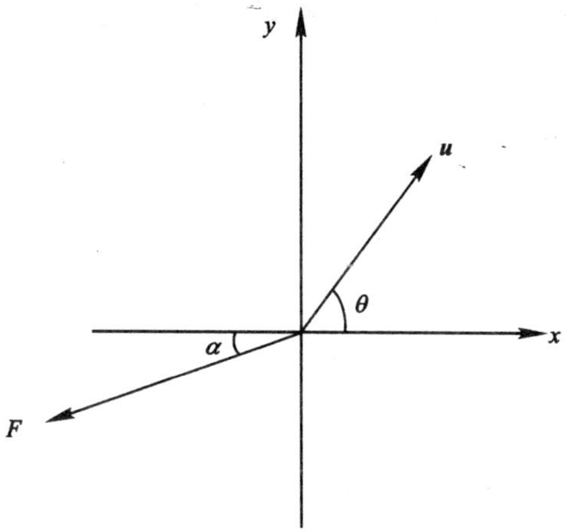

图 4-18

$$\boldsymbol{F} = -\mu_x N \boldsymbol{i}$$

当物体沿 y 方向位移时，$\boldsymbol{u}=v\boldsymbol{j}$，所受的摩擦力为

$$\boldsymbol{F} = -\mu_y N \boldsymbol{j}$$

于是当 $\boldsymbol{u}=\boldsymbol{u}i+v\boldsymbol{j}$ 时，可认为位移 $\boldsymbol{u}$ 的 $\frac{u}{\sqrt{\boldsymbol{u}^2+v^2}}$ 部分分配给 x，$\frac{v}{\sqrt{\boldsymbol{u}^2+v^2}}$ 部分分配给 y，即有

$$\boldsymbol{F} = -\mu_x N \frac{u}{(\boldsymbol{u}^2+v^2)^{1/2}}\boldsymbol{i} - \mu_y N \frac{v}{(\boldsymbol{u}^2+v^2)^{1/2}}\boldsymbol{j}$$

而摩擦力 $\boldsymbol{F}$ 的方向与位移 $\boldsymbol{u}$ 的方向的关系为

$$\mathrm{tg}\ \theta = \frac{\mu_x}{\mu_y}\mathrm{tg}\ \alpha$$

记

$$\zeta_x = \frac{\mu_x N}{\sqrt{\boldsymbol{u}^2+v^2}},\ \zeta_y = \frac{\mu_y N}{\sqrt{\boldsymbol{u}^2+v^2}}$$

便有

$$\boldsymbol{F} = -\zeta_x u\boldsymbol{i} - \zeta_y v\boldsymbol{j}$$

由此得到摩擦约束处位移和摩擦力分量之间的关系为

$$\begin{cases} F_x = q = -\zeta_x u \\ F_y = p = -\zeta_y v \end{cases}$$

其中

$$\zeta_x = \frac{\mu_x N}{\sqrt{u^2 + v^2}}$$

$$\zeta_y = \frac{\mu_y N}{\sqrt{u^2 + v^2}}$$

这样就修正了前面所讨论的变弹簧系数迭代法。当 $\mu_x = \mu_y$ 时，$\zeta_x = \zeta_y$，与前面的讨论一致。

第五章

试验研究和工程实际应用

本章提要

小型结构试验和在工程中的实际应用表明，AOPAP 程序可用于分析和计算三维架空热力管道系统的热胀位移和应力，并能较准确地反映管系的真实情况，同时程序的功能较全，适应性较强，使用方便，对于指导工程设计有实际意义，应该在管道工程界推广使用。

§5.1 引　　言

如前所述，我们提出了考虑摩擦力影响的架空热力管道系统的非线性结构分析方法，并在此基础上，研制了专用于架空热力管道非线性结构分析的计算机程序——AOPAP。由于我们的方法是新方法，同时，我们研究的目的是为了用于工程实际，所以我们的理论需要实践验证。为此我们在一条热水输送管线上进行了小型结构试验，并在某石化公司的较大管道系统设计中用 AOPAP 程序进行了验算和优化设计，得到了较好的结果。

§5.2 小型结构试验报告

5.2.1 试验准备工作和管道位移的测量

试验管系是一条新架设的供暖管线，管线全长超过 1 000 m。由于管系走向复杂，分岔较多，我们只选择了一些比较容易测量且有代表性的支架作为实测对象。由于施工周期长，又不能确定供热时间，所以也没有在管线上安装测量仪器，而在支架与管子接触处涂漆做标志，根据标志的分离情况来观察管系的位移。这些准备工作是在管系架好后加保温层前完成的。管内温度用安装于供水管和回水管端部的两个温度计来监视。

管系试验部分的结构示意图如图 5-1 所示，其中带有标号的

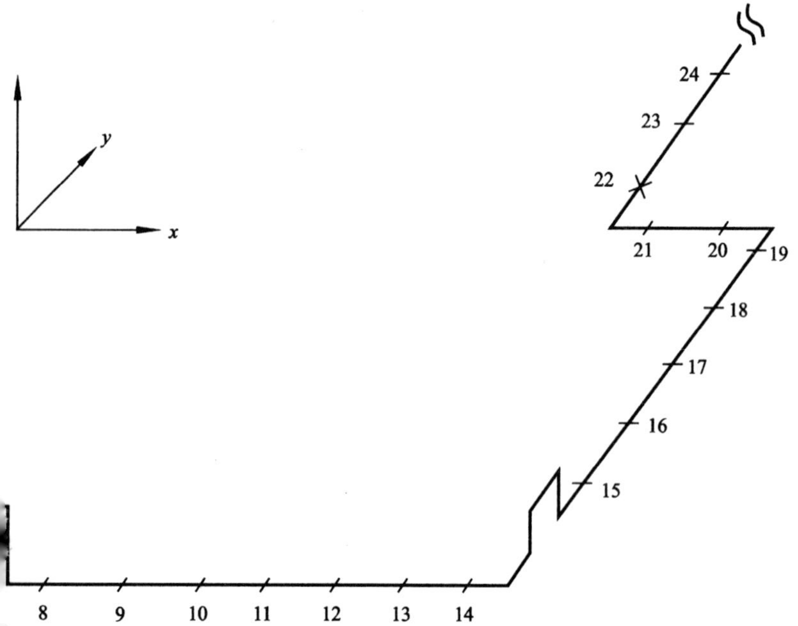

管系结构图

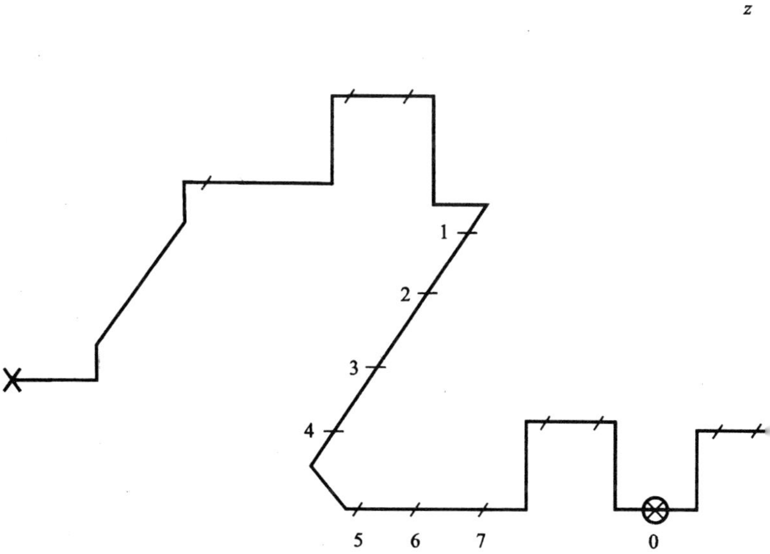

图5-1

支架为有涂漆标志的支架。

管系施工安装完毕后，于 1988 年 11 月 20 日进行第一次通水试热，此时管系上尚未加保温层。由于当时条件所限，我们只测量了有标志管架中的 16 个支架上管子的横向位移，测量所得的原始数据如表 5.1 所示。测量时供水管路温度为 35℃，回水管路温度为 20℃。在管系加保温层并正常供热后，我们于 1988 年 11 月 27 日又进行了第二次测量，这次共测量了有标志管架中的 24 个支架上管子的轴向位移和横向位移，测量所得的原始数据如表 5.2 所示，测量时供水管路和回水管路的温度皆为 60℃。

表中的正负号规定：沿管路供水方向流向为轴向位移的正向，沿轴向位移正向左侧方向为横向位移的正向。

5.1 横向位移实测值（$T=35$℃） 1988.11.20

支架号	1	2	3	4	5	6	7	8	9	10	11	12	13	14	15	16
轴向位移/cm	0.5	0.1	0.0	−1.5	−0.5	0.2	0.0	0.5	−0.4	0.0	−0.1	−0.5	−0.2	−1.0	−1.5	−1.2

5.2 轴向、横向位移实测值（$T=60$℃） 1988.11.27

支架号	1	2	3	4	5	6	7	8	9	10	11	12
轴向位移/cm	−1.0	0.3	0.5	1.5	−1.8	0.3	0.0	2.0	0.0	0.5	0.0	0.7
横向位移/cm	0.5	0.2	0.3	0.1	−1.0	0.5	0.0	1.0	0.0	−0.5	0.0	−0.5
支架号	13	14	15	16	17	18	19	20	21	22	23	24
轴向位移/cm	2.0	2.5	−2.5	−1.0	0.0	1.0	1.0	−0.5	0.5	0.0	−1.5	−0.5
横向位移/cm	−0.5	−1.5	−2.5	−0.2	−0.6	−0.5	−1.0	−0.3	1.2	0.0	−1.0	0.0

5.2.2 管道位移的计算及其与试验结果的比较

为了比较管道位移实测值与计算值的差别，我们用 AOPAP 程序计算管系的热胀位移。在计算中，对弯头的处理有两种方法：

一是把弯头按弯管单元处理，一是用弹性抗弯铰代替弯头，而把与弯头相邻的直管单元和弯头一起作为一个具有柔性结点的直管单元。在计算中约束条件的处理是：管系始端由锅炉房墙壁中伸出，近似按固支处理。第22号支架在实测时发现有被点焊的迹象，且基本测不出位移，按固支处理。中间各支架除0号支架外均按滑动支架处理。0号支架是可疑的点焊支架，即由于施工的原因不能确定此支架是否被点焊，计算时分别按固定支架和滑动支架两种情况讨论，借以考察支架约束条件在考虑支架摩擦力和不考虑支架摩擦力时对管道位移的影响。计算管系的结点和单元划分分为两种情况：① 按弯头单元和直管单元划分，全系统共分为77个单元(其中51个直管单元，26个弯管单元)和78个结点；② 按弯管单元、柔性结点和直管单元划分，全系统共分成59个单元(其中51个直管单元，8个弯头单元)和60个结点(其中42个刚性结点，18个柔性结点)。第一种情况的自由度数为421，第二种情况的自由度数为313，自由度数减少25%，每次迭代的计算时间减少15%，总占机时间节省18%。

为了对计算结果与试验结果进行比较，我们把支架处管道位移的计算结果和试验结果绘于图5-2～图5-10中。图中横坐标表示支架号，纵坐标表示位移(单位：cm)。图中各曲线代号规定为：曲线01表示不考虑支架摩擦力、0号支架固定、以弯头单元代替弯头时的计算结果；曲线02表示不考虑支架摩擦力、0号支架固定、以柔性结点代替弯头时的计算结果；曲线03表示不考虑支架摩擦力、0号支架滑动、以柔性结点代替弯头时的计算结果；曲线04表示考虑支架摩擦力、0号支架固定、以弯头单元代替弯头时的计算结果；曲线05表示考虑支架摩擦力、0号支架固定、以柔性结点代替弯头时的计算结果；曲线06表示考虑支架摩擦力、0号支架滑动、以柔性结点代替弯头时的计算结果；曲线07为试验结果。图中只把所测支架按顺序排列编号，只比较所测支架处的管道位移值，中间连线只是为了方便区分，并无实际意义。

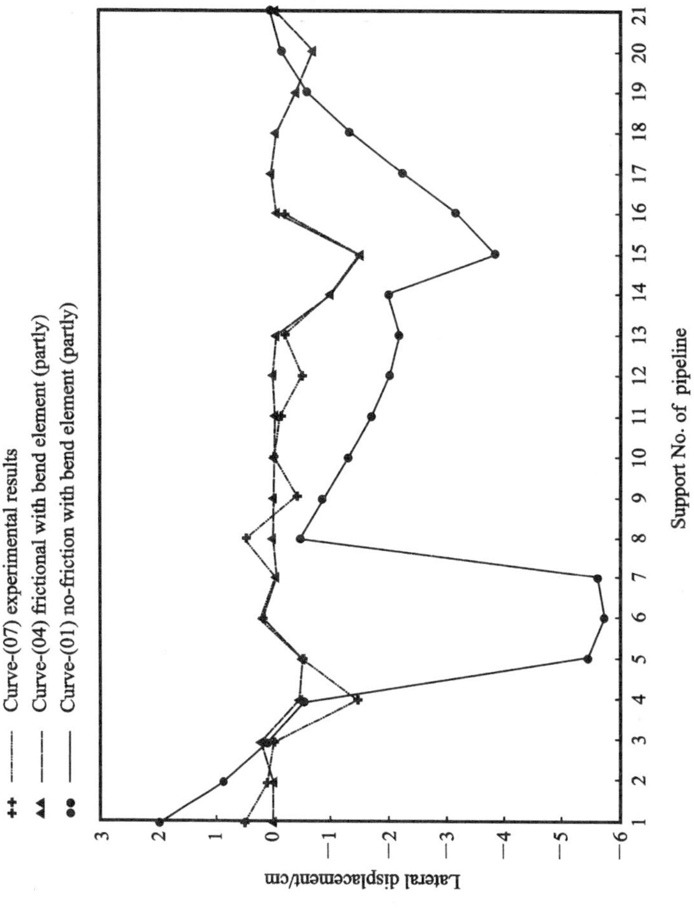

图5-2 横向位移曲线图（零号固定支架，弯头单元，T=35℃）

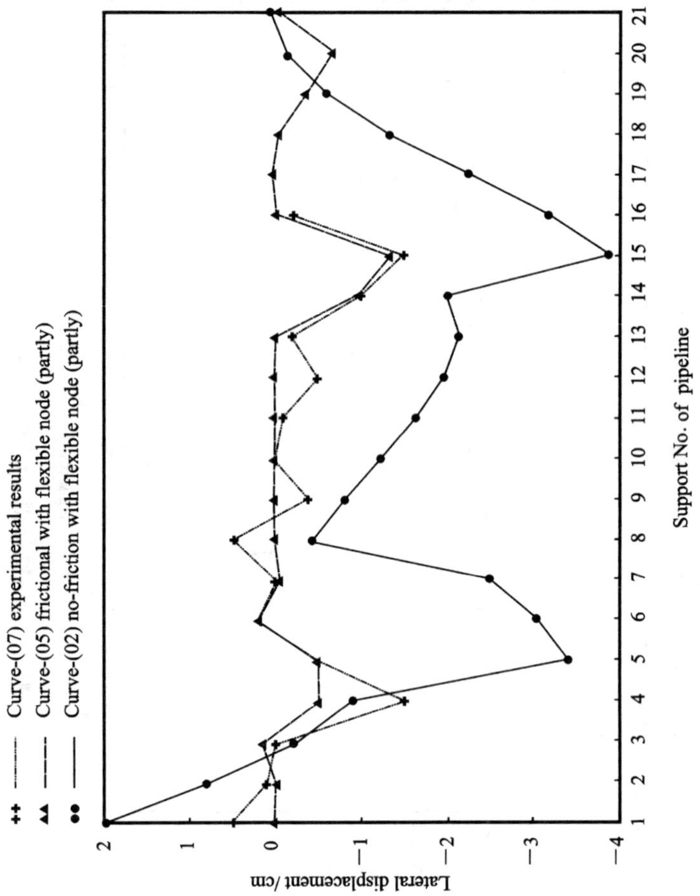

图5-3 横向位移曲线图（零号固定支架，柔性结点，T=35℃）

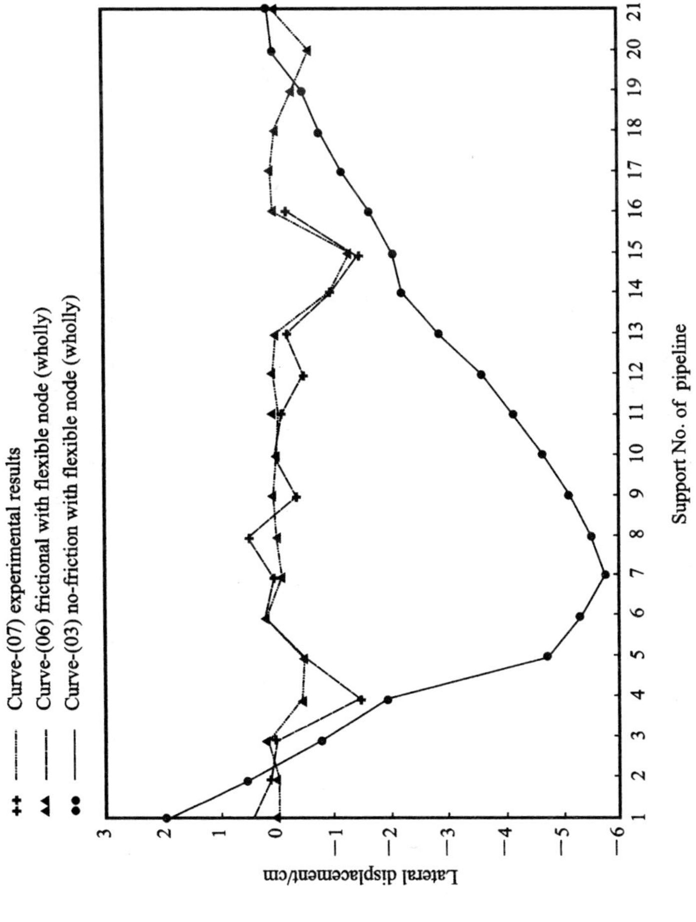

图5-4 横向位移曲线图（零号滑动支架，柔性结点，T=35℃）

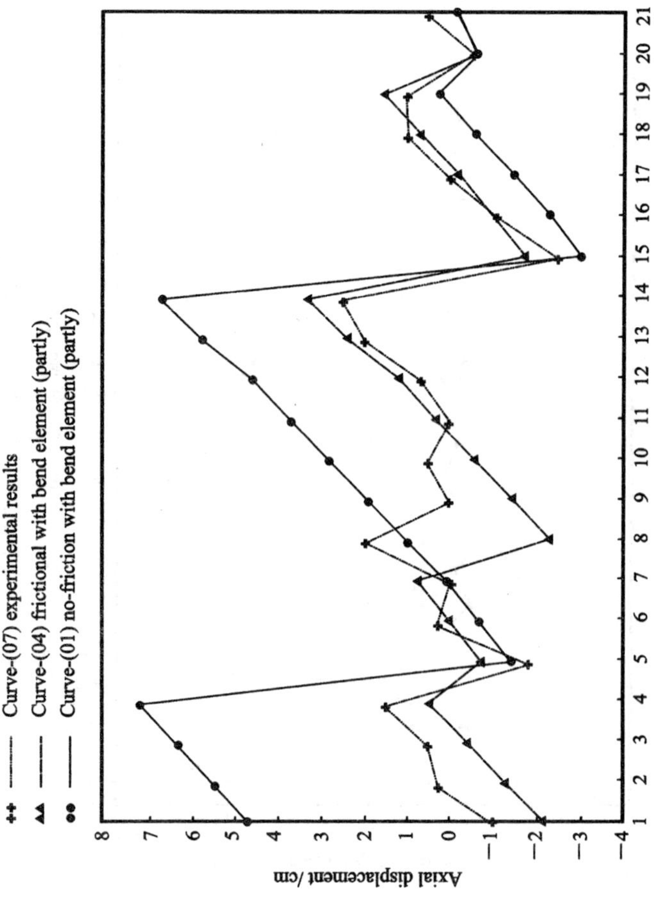

图5-5　轴向位移曲线图（零号固定支架，弯头单元，T=60℃）

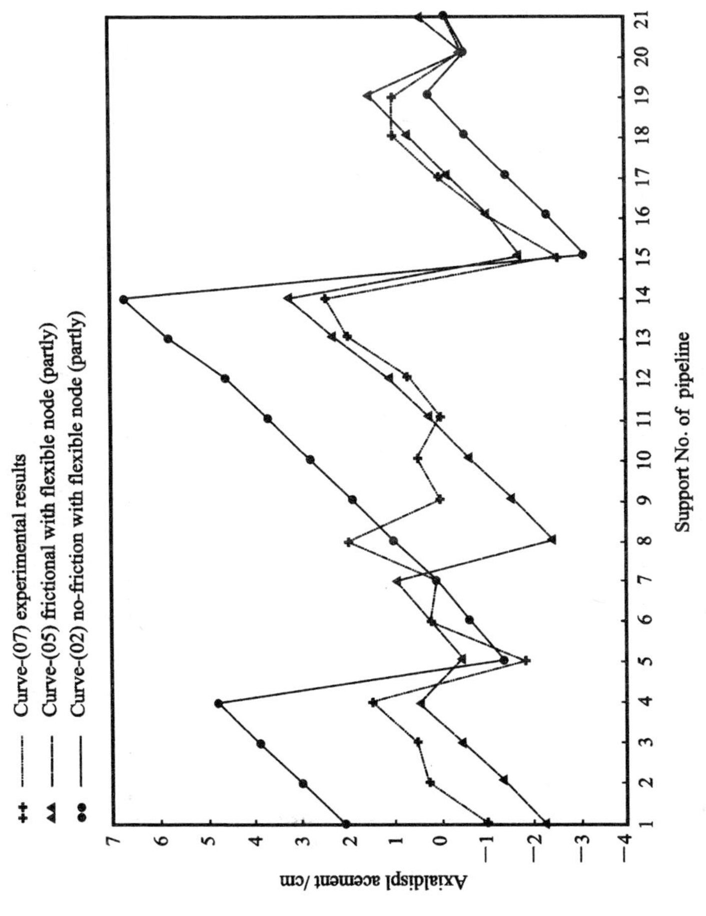

图5-6 轴向位移曲线图（零号固定支架，柔性结点，*T*=60℃）

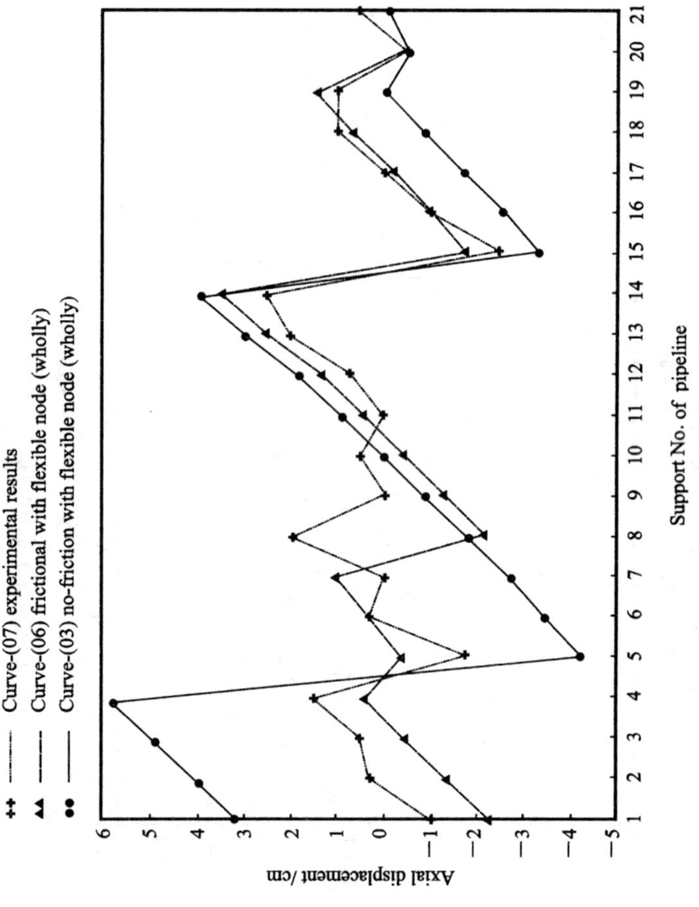

图5-7　轴向位移曲线图（零号固定支架，柔性结点，T=60℃）

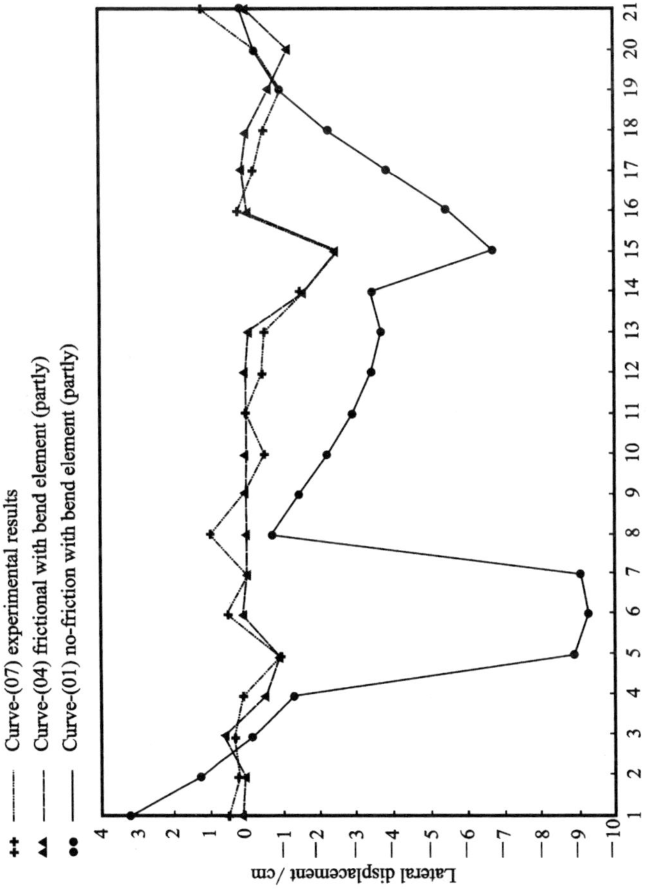

图5-8 横向位移曲线图（零号固定支架，弯头单元，T=60℃）

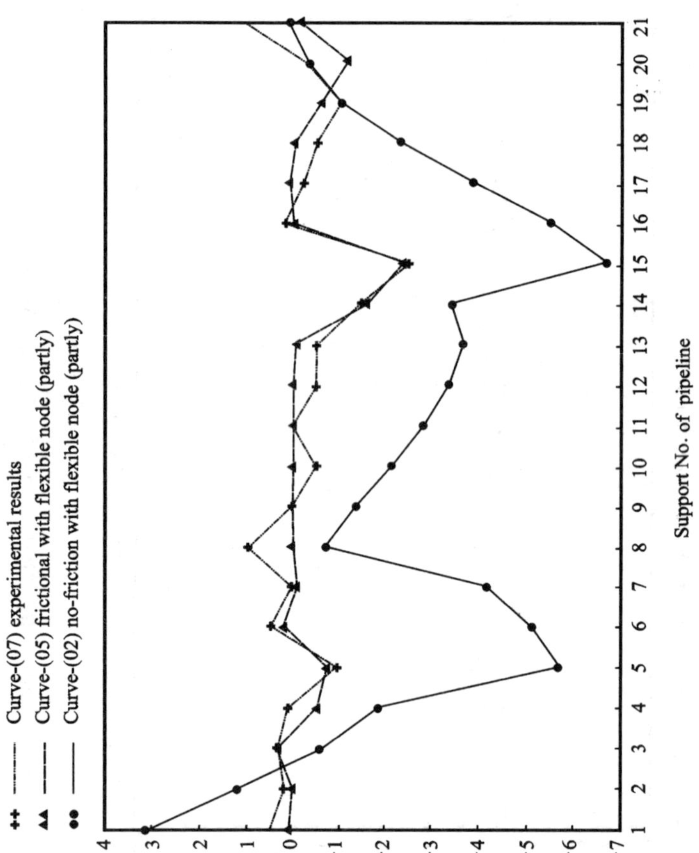

图5-9　横向位移曲线图（零号滑动支架，柔性结点，T=60℃）

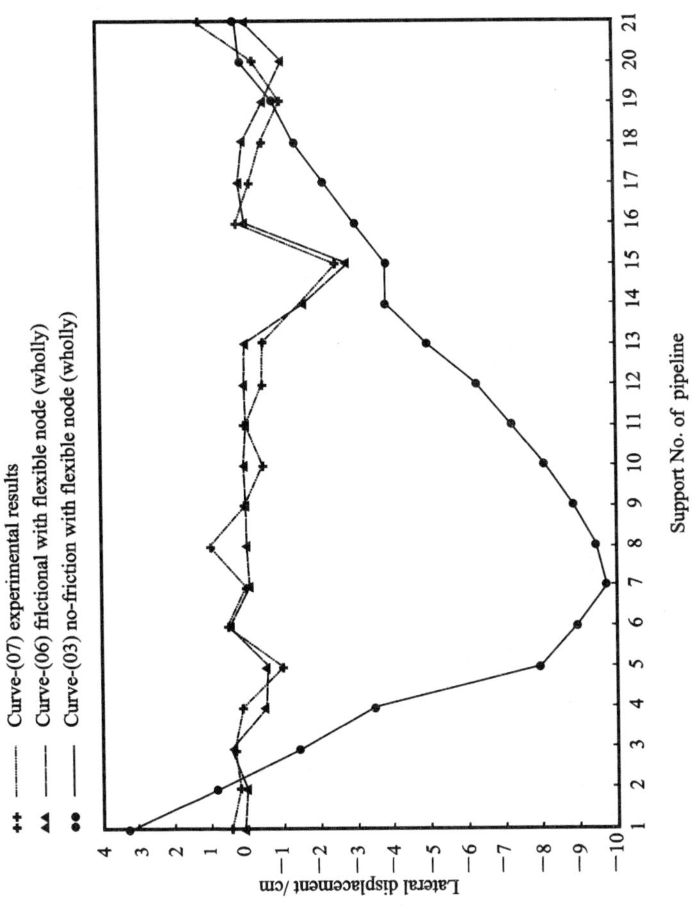

图5-10 横向位移曲线图（零号滑动支架，柔性结点，T=60℃）

5.2.3　结果分析

由以上各图中可以看出:不考虑支架摩擦力时,管系各支架处位移的计算结果与试验结果相差悬殊,而考虑支架摩擦力时计算结果与实际情况符合较好。在实测时发现,由于管路支架设置成平面框架的形式(见图 5-11),在供热时可感觉到支架前后摆动,这是因为支架在轴向平面内刚度较差,管子热胀时靠摩擦力带动支架晃动,从而影响轴向位移,所以轴向位移的计算值与实测值相差较大。而在横向上,由于上述影响较小,故横向位移的计算结果与实测结果较为一致。另外,由于安装过程中的原因,有几处可看出管子和支架间有点焊现象,计算中也考虑了这种影响。由图中可以看出,当把有点焊迹象的 0 号支架分别按固定支架和滑动支架处理时,若不考虑支架处的摩擦力,则位移的差别很大,但当考虑支架处的摩擦力影响时,两种情况下位移的计算结果相差很小。这表明支架摩擦力的存在对管系位移有较大的约束作用,按无摩擦的状态对管系进行强度校核是不合理的。支架摩擦力的这种约束作用还表现在,由于两端边界条件在计算中的近似,使得在接近两端处的计算结果与实际情况有一些误差,但对中间各支架,这种边界影响不大。

从图中也可看出,在个别支架上实测位移值较计算值偏大,其中一个原因是由于支架在安装过程中的误差,使得该支架与相邻支架不在同一平面上,管子所受的支架反力减小,从而管子受该支架的摩擦力减小,而在计算时没有考虑这种因素,因而计算值与实际情况有偏差,但这种影响是很小的。不过对于重要的工业管线,应尽量避免这种安装的偏差。

由以上讨论可以看出,AOPAP 程序用于计算架空热力管道系统的热胀位移和应力,可以更准确地反映管系的真实情况。与当前常用的其它算法和应用程序相比,我们的算法和应用程序对于指导工程设计有更好的实际意义。

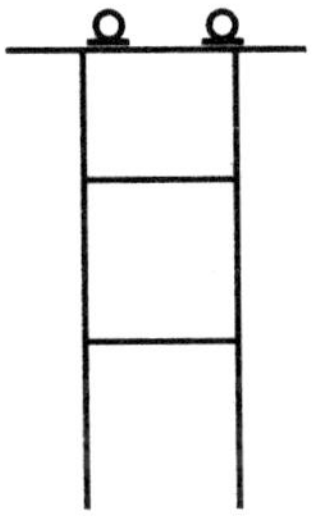

图 5-11 管系支架示意图

§5.3 工程应用实例分析

作为工程实际应用，我们用 AOPAP 程序对某石化公司的大型管道工程设计方案进行了验算和优化设计。管线全长 2 km 左右，由 1 条高压管线（$\phi133\times10$，$p=100$ kgf/cm^2，$T=540$℃）、4 条中压管线（$\phi508\times16$，$p=45$ kgf/cm^2，$T=450$℃）和 5 条低压管线（$\phi630\times9$，$p=14$ kgf/cm^2，$T=350$℃）所组成。由于场地限制，管线的热补偿有一定的困难，设计人员较大规模地使用了球型补偿器，同时还设置了滚柱支架，因此该管道工程具有很大的代表性。10 条管线的走向一致，在管架上分上下两层铺设，其中 1 条管线的结构简图如图 5-12 所示。为了节省篇幅，只对我们的工作做部分结论性的介绍。

图 5-13 为低压管线中的 AB 段管路的原设计方案和变形情况。今后凡在不加说明时，图中的变形曲线都是把管道的位移值扩大 10 倍后绘制的。本段管系有足够的补偿热胀的能力，但由于导向支架 21 和 24 的设置，限制了管路的热胀，从而使弯头处的二次应力超过容许值，当把导向支架改为滑动支架后，本段管路中的应

力都大大低于容许值。

图 5-14 为低压管线中的 *BC* 段管路的原设计方案和变形情况。本段管路的安全容量很大,管路中的最大二次应力低于 100 MPa。

在原管线走向基本不变的情况下,*AB* 和 *BC* 段管路可以按 5-15 所示的方案改进,改进后管线中最大二次应力为 198 MPa,低于容许值。变形情况如图中所示,其中虚线为不考虑支架摩擦力影响时的变形,点划线为考虑支架摩擦力影响时的变形。为了明显起见,此图中的变形曲线是把管线的位移值扩大 20 倍后绘制的。如此改进,每条管线可以节省 8 个弯头,近 80 m 长的直管,整个管道工程可以节省几十万元的投资。

图 5-16 为低压管线中 *CD* 段管路的原设计方案和变形情况。本段管路可以有足够的补偿热胀的能力,但由于球型补偿器 78 和 80 离相邻弯头较远,中间直管段长度较短,因而在给定的球型补偿器的摩擦力矩抵抗下,此两个球补不起作用,达不到补偿的目的。此时弯头处的应力超过容许值。在原管线走向完全不变的情况下,把球型补偿器 78 和 80 向相邻弯头靠近,使中间直管段长度增加,由原来的 11 m 增加到 20 m,则球型补偿器能起补偿作用,弯头处应力大幅度下降,但仍稍高于容许值,最后的改进结果是:固定支架 70 改为滑动支架,把滑动支架 71 改为固定支架,导向支架 68 移至支架 69 处,导向支架 73 移至 75 处,导向支架 83 移至 81 处,球补 78 和 80 间距为 20 m。如此改进后管线成本不增加,但达到了安全的要求。

图 5-17 为低压管线中 *DE* 段管路的改进方案和变形情况,改进原则同 *CD* 段一样,球型补偿器尽量向相邻弯头处靠近,与球补相邻的弯头外侧的导向支架适当靠近弯头。本段管路在调整球补间距和导向支架位置后便可符合安全要求,弯头壁厚无需加大。

图 5-18 和图 5-19 分别为低压管线中 *EF* 段和 *FG* 段管路的改进设计方案和变形情况。由于场地限制,不能加大球补间距和增

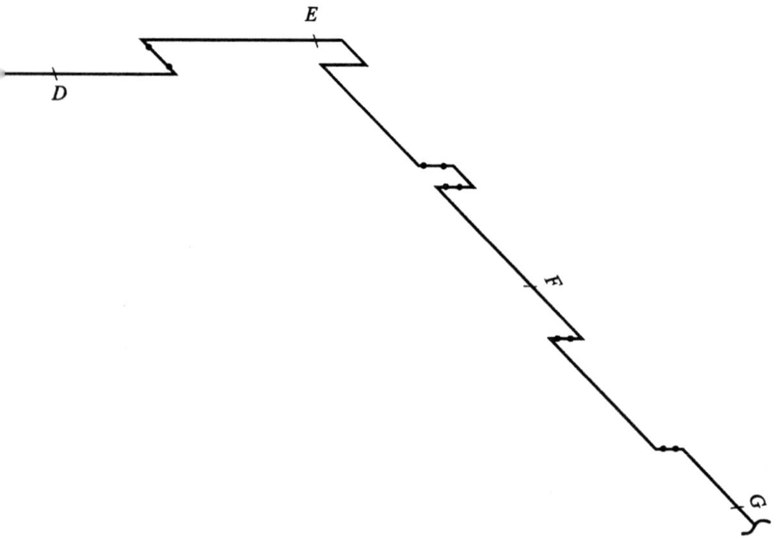

简图

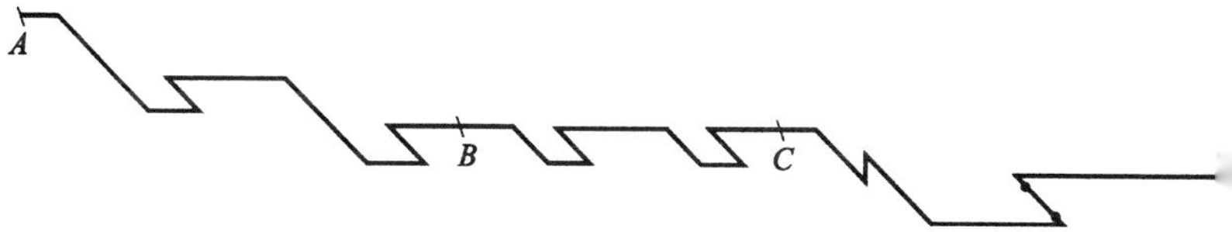

图5-12 工程管线结构

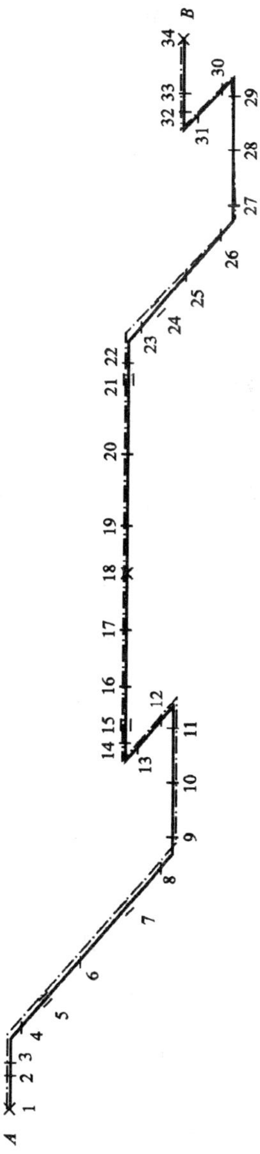

图5-13 *A*-*B*段管线及其变形

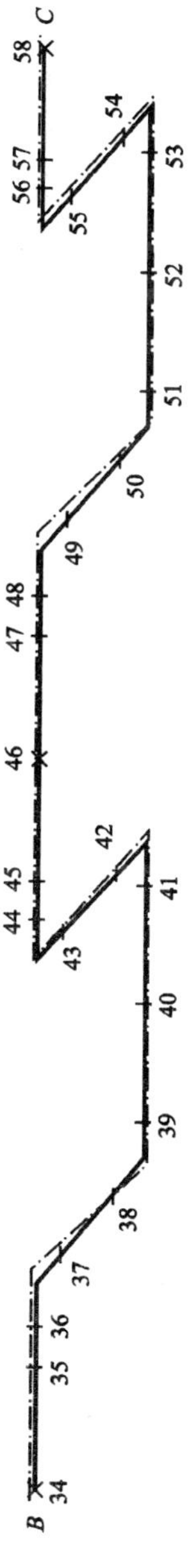

图5-14 *B*-*C*段管线及其变形

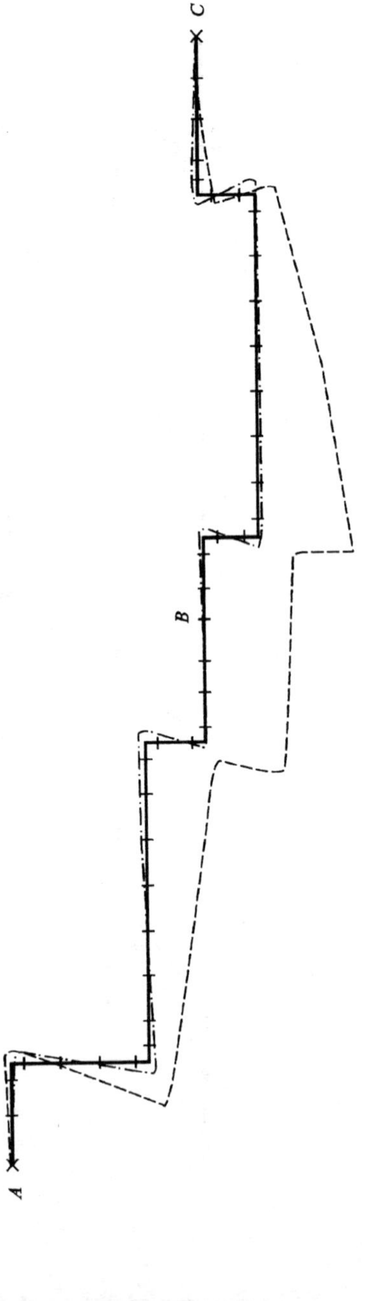

图5-15　*A–C* 段管线的改进设计及其变形

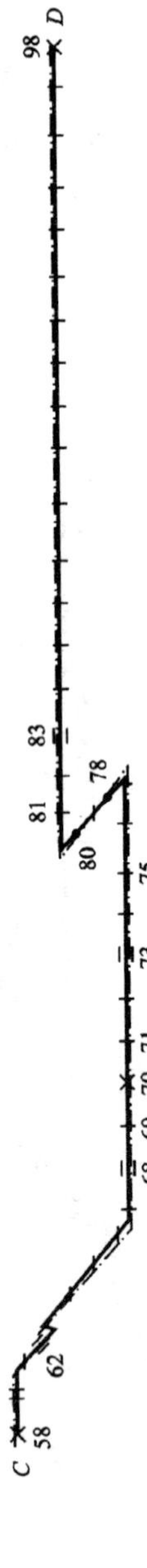

图5-16　*C–D* 段管线及其变形

图5-17　D-E 段管线及其变形

图5-18　E-F 段管线及其变形

图5-19　F-G 段管线及其变形

加新的补偿器，因此，本段管路必须加大弯头的壁厚，由原来的 11 mm 增加到 16 mm。若无 16 mm 的弯头，可以采取加固措施，在 11 mm 壁厚的弯头外部加焊 5 个加固环，并以纵向板连接，但必须热处理消除焊接应用力。加固环截面如图 5-20 所示。

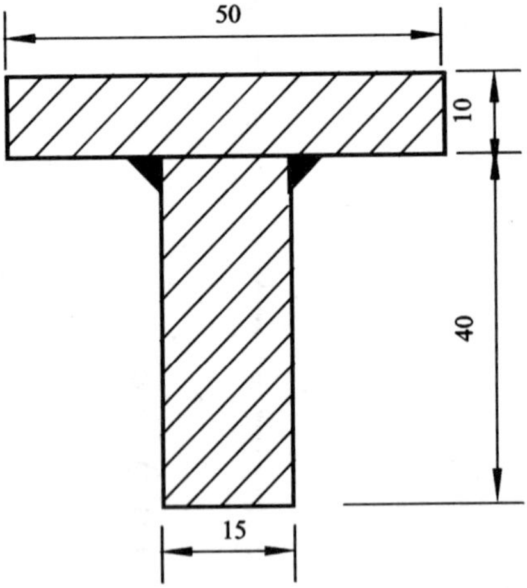

图 5-20　加固环截面示意图

上述只是针对低压管线的系统结构分析及其改进措施，对于中压管线，我们也进行了相应的分析，并提出了相应的改进措施。

该管道工程另外还有一部分管道系统如图 5-21 和图 5-22 所示，我们也用 AOPAP 程序进行了分析计算，提出了改进方案。

此后，该管道工程又进行了部分区段的方案改变。图 5-23(a) 为改变设计方案后中压管线中一部分管路的计算简图。管子的尺寸在图中标注，主要参数为：管子外径 $D=508$ mm，壁厚 $t=16$ mm，弯头曲率半径 $R=0.76$ m，壁厚 $t'=16$ mm，蒸汽温度 $T=450$℃，线膨胀系数 $\alpha=0.000\ 014$℃$^{-1}$，材料的弹性模量为：当 $t=20$℃时，$E=2.15\times10^5$ MPa，当 $t=450$ ℃时，$E=1.82\times10^5$ MPa，管道自重 $W=338$ kg/m，滑动支架与管道间的摩擦系数 $\mu=0.1$。

经计算知，此管系在固定支架 A_1 与 A_2 间管线强度不够，弯间 1、2、3、4 处热应力超过容许值，而在固定支架 A_2 与 A_3 间管线的安全裕量较大，整段管线的应力分布很不均匀，图 5-24(a)是此段管线的弯矩分布图(除弯头 5、6 处之外，图中的弯矩为水平面内的弯矩 M_z，弯头 5、6 处的弯矩为弯头平面内弯矩 M_y)。在保证管线走向基本不变，同时又不浪费材料的前提下，我们计算了几种可能的改进情况。设计人员鉴于工程施工已按原设计方案进行了支架敷设，为了保证安全，提出在支架 A_1—A_2 间的管线上增加一方形补偿器，如图 5-23(b)所示。经 AOPAP 程序计算得到的弯矩分布情况如图 5-24(b)所示。根据我们的计算，在保持原设计管线走向不变的情况下，当把管线中的固定支架 A_2 以及各导向支架全放松成为滑动支架时(见图 5-23(c))，其结果便与增加方型补偿器的效果基本相同，其弯矩分布情况如图 5-24(c)所示。由于放松了固定支架 A_2，使原来左侧过大的应力与右侧偏小的应力互相平均，整段管线应力分布趋向均匀。

通过此例可以看出，考虑支架摩擦力影响以及管系大系统结构分析具有重要意义。因为在不考虑支架摩擦力的影响时，若一个较大的管线系统中间固定支架和导向支架等限位性支架较少，计算出的管线侧向位移会很大。因此，为了避免过大的侧向位移，工程上一般都是分段设计，两个固定支架之间的管线形状一般采用规范化的和简单的形式。这实际上是由于计算方法的不足而造成的。事实上，支架摩擦力的存在对管线的侧向位移有很大的约束作用，例如，对于图 5-23(c)所示的管系，当不考虑支架摩擦力时，用有限单元法计算出管道在支架处的最大侧向位移为 368 mm，超出了允许范围，而考虑了支架摩擦力用 AOPAP 程序计算，即使对于小的摩擦系数 $\mu=0.1$，最大侧向位移也下降到 243 mm，未超出设计要求。在都能满足安全要求的前提下，图 5-23(c)的设计方案与图 5-23(b)的设计方案相比，在节省材料、减少热损失和压力损失等多方面，前者无疑比后者优越得多。

通过对上述实际管道系统的结构分析计算表明，AOPAP 程序能比较方便地用于计算三维架空热力管道系统的热胀位移和应力，并且适应性很强，它弥补了当前一些常用的计算方法和程序所存在的缺陷，应该在管道工程界推广使用。

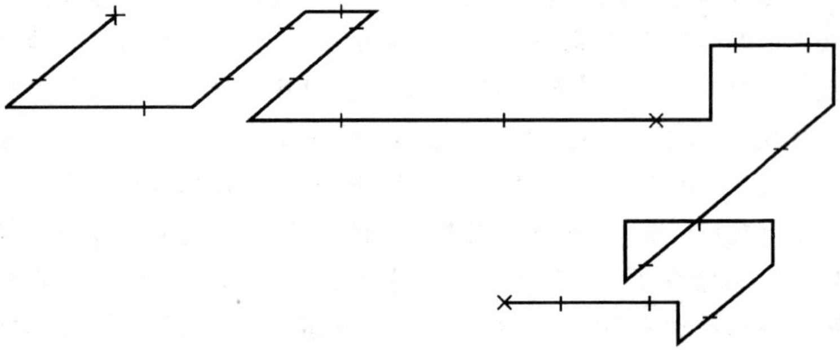

图 5-21　综合管系(1)

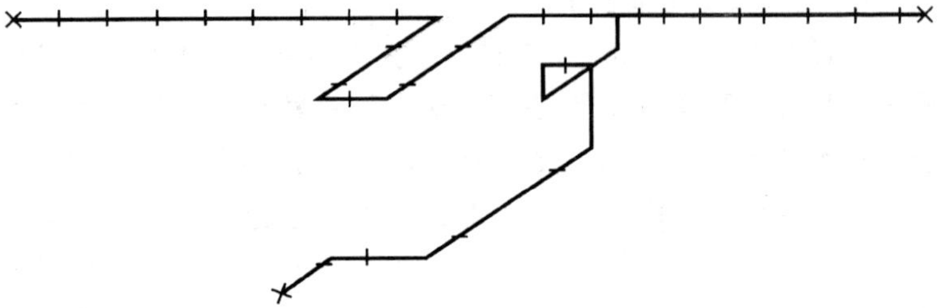

图 5-22　综合管系(2)

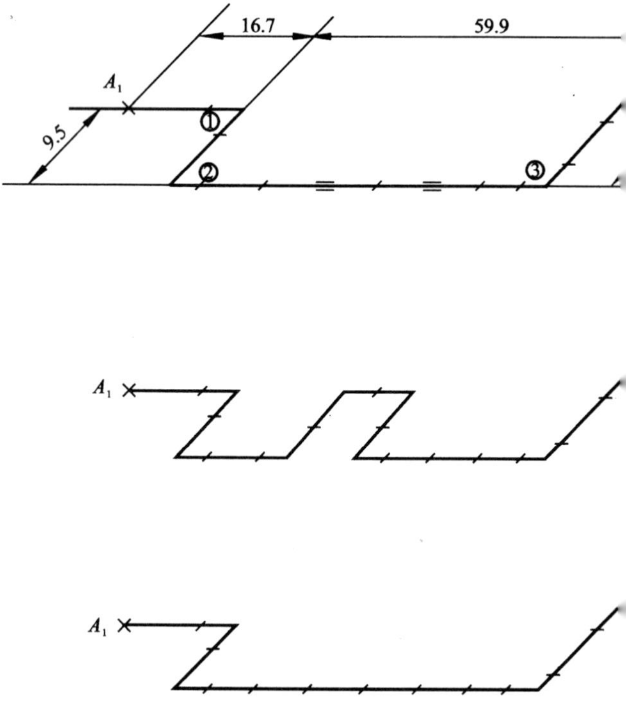

图5-23

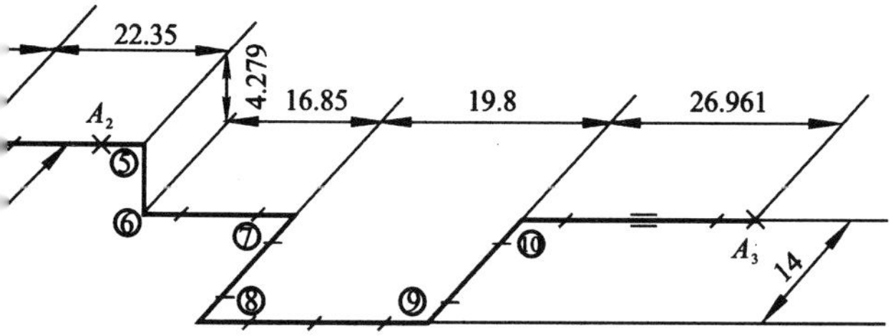

(a)

(单位:m)

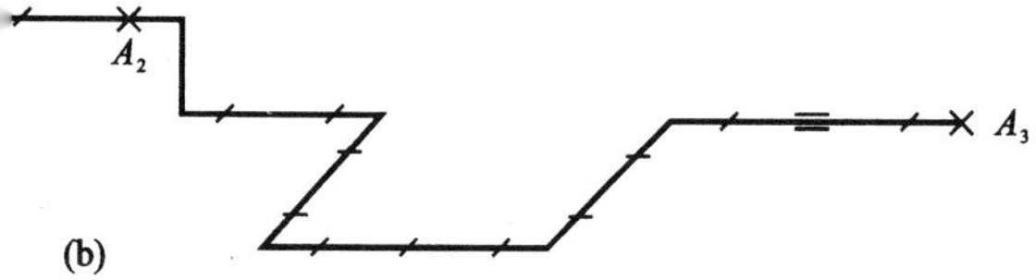

(b)

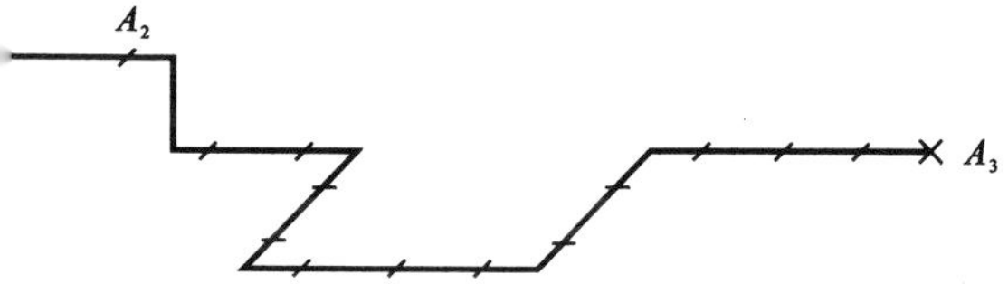

(c)

结构示意图

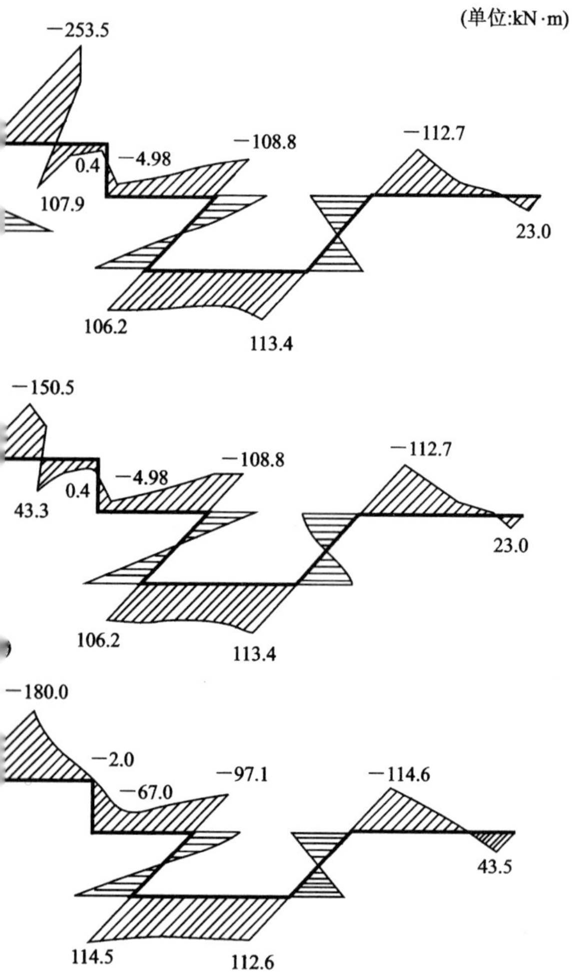
(单位:kN·m)
−253.5
0.4
−4.98
−108.8
−112.7
107.9
23.0
106.2
113.4
−150.5
−108.8
−112.7
43.3
0.4
−4.98
23.0
106.2
113.4
−180.0
−2.0
−67.0
−97.1
−114.6
43.5
114.5
112.6

c)

分布图

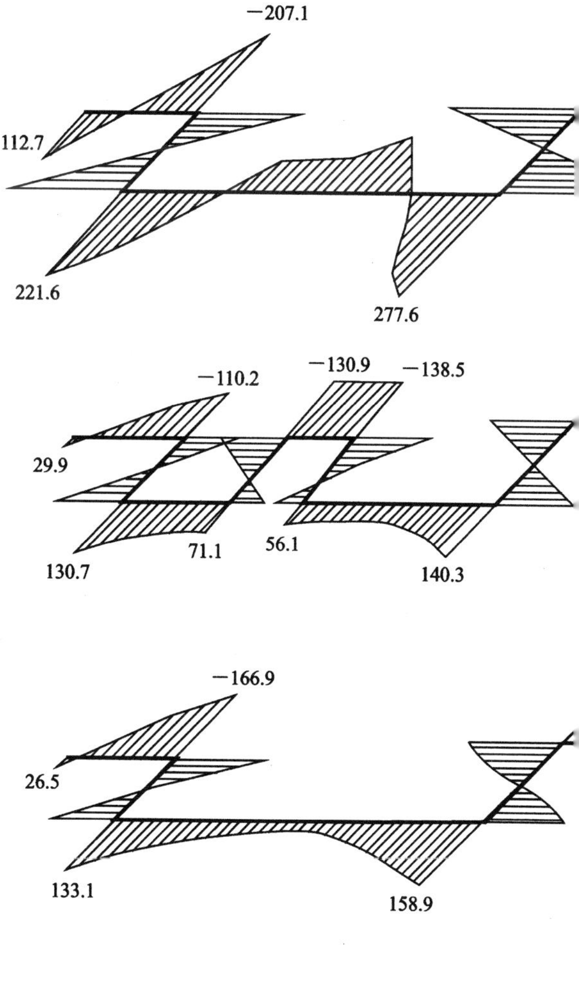
−207.1
112.7
221.6
277.6
−110.2
−130.9
−138.5
29.9
130.7
71.1
56.1
140.3
−166.9
26.5
133.1
158.9

图5-24　管系

结 束 语

本书研究了考虑支架摩擦力时架空热力管道系统的非线性结构分析方法，研制了三维架空热力管道系统的非线性结构分析程序 AOPAP。本书所包含的主要工作有：

(1) 为了处理管道与支架间摩擦力的存在对管道热胀位移和内力的影响，我们提出了一种计算架空热力管道系统热胀位移和内力的新方法——变弹簧系数迭代法。该方法考虑了支架摩擦力对管道热胀位移的影响因素，把支架摩擦力分量看成是管道位移分量的函数，建立摩擦力分量与位移分量间的非线性关系，通过迭代求解管系的热胀位移、内力和支架处的摩擦力，比较准确地反映了管道的实际情况。书中讨论了变弹簧系数迭代法用于分析架空热力管道系统中常见的水平面内"L"型和"U"型管道的热胀问题，并编制了相应的计算机程序。

(2) 鉴于变弹簧系数迭代法的局限性和工程实际中管道形式的复杂性，书中提出了一种架空热力管道系统非线性数值结构分析的新方法——有限元迭代法，并研制了相应的计算机应用程序 AOPAP(Advanced Overhead Pipeline Analysis Program)。该方法把变弹簧系数迭代法和有限单元法有机地结合起来，既能考虑到支架摩擦力对管系热胀位移和应力的影响，又能分析任意复杂形式的架空热力管道系统，为管道工程的系统设计提供了有效的分析手段。

(3) 研究了架空热力管道系统中的一些特殊元件如弹簧吊架、球型补偿器、套筒补偿器以及管道弯头的力学简化模型——弹性抗弯铰等在管系结构分析中的处理方法，扩大了有限元迭代法的使用范围。

(4) 对于滚柱支架沿轴向和横向摩擦系数不同的情况，提出了新的分析思想。

(5) 在一条热水输送管线上进行了小型结构试验，实际测量了升温时管道在支架处的热胀位移值，并用AOPAP程序计算了试验管系分别在考虑支架摩擦力与不考虑支架摩擦力时的管道热胀位移值。与试验结果比较表明，不考虑支架摩擦力时计算出的管系的热胀位移值与实际位移值相差很大，考虑支架摩擦力时AOPAP程序的计算结果与实测结果符合较好。

(6) 用AOPAP程序对某石化公司的大型管道工程设计方案进行了验算和优化设计，对原设计方案中不合理的部分提出改进措施，取得了很好的效果，得到了使用单位的好评。

本书所研究的架空热力管道系统的非线性结构分析方法及其应用程序，第一次比较全面而准确地考虑了支架摩擦力对管系热胀位移和应力的影响，可对复杂的架空热力管道系统进行准确度甚高的结构分析，解决了当前管道工程设计中急需解决的重要问题，增强了架空热力管道系统设计的科学基础，对指导工程设计有重要的实际意义。

由于作者水平所限，书中不可避免地存在一些缺陷和不足，祈盼各位读者和专家予以指正。

符号说明

α——线膨胀系数;剪切系数;角度

β——应力增强系数;角度

γ——剪切应变

δ——挠度;变形

ε——应变;线应变

ζ——变弹簧系数;坐标分量

η——无量纲坐标;坐标分量

ξ——无量纲坐标;坐标分量

θ——转角;角度

μ——摩擦系数

ν——泊松系数

σ——应力;正应力

τ——剪应力

φ——角度;剪切因子

ψ——角度

A——横截面积

A_r—剪切面积

D——管径;位移分量列阵

E——弹性模量

F——力;截面面积;作用力分量列阵

G——剪切弹性模量

J——截面轴惯性矩

J_p——截面极惯性矩

K——刚度矩阵；抗弯刚度（或弹性弯铰的抗弯钢度）

L——臂长；单元长度

M——弯矩

M_b——弯矩

M_T——扭矩

N——轴力；支架反力

P——作用力

R——弯头曲率半径

T——管道升温；坐标变换矩阵；扭矩

U——变形能

V——剪力

W——单位长度重量

X,Y,Z——总体坐标系的三个坐标轴；沿三个坐标轴向的作用力

f——摩擦力

k——刚度矩阵元素

k_p——弯管的柔性系数

p——支架处的横向摩擦力

q——支架处的轴向摩擦力

r——管子半径

t——管子壁厚

u——轴向位移

v——横向位移

w——垂向位移

x,y,z——单元坐标系的坐标轴；坐标分量

参考文献

1 The M W Kellogg Company. Design of Piping Systems. New York: John Wiley & Sons, Inc. 1956

2 John Grascoyne. Analysis of Piping Structures for Flexibility. London: Sir ISAAC Pitman & Sons, LTD. 1959

3 王致祥,等编．管道应力分析与计算．水利电力出版社,1983

4 A 格哈利,等编．结构分析．人民铁道出版社,1978

5 H V 尤根生．管道弹性与强度．中国工业出版社,1964

6 E Я 沙科洛夫．热力网．高等教育出版社,1954

7 哈尔滨建筑工程学院,等编．供热工程．中国建筑工业出版社,1985

8 蔡尔辅编．石油化工管线设计．化学工业出版社,1986

9 S S 吉尔主编．压力容器及其部件的应力分析．原子能出版社,1975

10 徐芝纶编．弹性力学(上册)．人民教育出版社,1979

11 刘鸿文主编．材料力学(第二版)．高等教育出版社,1982

12 华东石油学院力学实验室．弯管在内压作用下的应力．华东石油学院石油科技通讯,1976,(4)

13 华东石油学院力学实验室．弯管的平面弹性弯曲．华东石油学院石油科技通讯,1976,(4)

14 崔孝秉．埋地长输管道水平弯头的升温载荷近似分析．华东石油学院学报,1978,2(2)

15 崔孝秉．埋地长输水平弯头升温载荷的进一步分析．华东石

油学院学报,1980,4(1)

16 崔孝秉．埋地长输管道纵向弯头温度应力的近似分析．华东石油学院学报,1980,4(2)

17 崔孝秉．埋地长输管道热胀内力近似分析．力学学报,1984,16(1)

18 Sobel L H. In-plane Bending of Elbows. Computers & structures, 1977,7(6)

19 Zienkiewicz O C. The Finite Element Method. McGraw-Hill, New York,1977

20 Chen W F. and Lui,E M. Effects of Joint Flexibility on The Behavior of Steel Frames. Computers & Structures,1987,26(5):719～732

21 Nataraijan R. A Simblified Pipe Flexibility Analysis Program-Stiffness Method. Computers & Structures,1986,22(3):299～305

22 Militeilo C and Huespe A E. A Displacement-Based Pipe Elbow Element. Computers & Structrues,1988,29(2):339～343

23 Bathe K J and Almelda C A. A Simple and Effective Pipe Elbow Element—— Linear Analysis. Journal of Applied Mechanices,1980,47(3):93～100

24 Lang H A. Stress Analysis of Pressurized Elbows for Nuclear Components Using Touroidal Elasticity. Proc. 4th Int. Conf. on Pressure Vessel Technology, London, 21 may 1980,2:251～60

25 Mroz Z and Lekszycki T. Optimal Support Reaction in Elastic Frame Structures. Computers & Structures,1981,14(3～4):179～185

26 Compos L T,Oden J T and Kikuchi N. A Numerical Analy-

sis of A Class of Contact Problems With Friction in Elastostatics. Computer Methods in Ap. plied Mechanics and Engineering, 1982, 34:821～845

27 Vuayakar s M, Busby H R and Houser D R. Linearization of Multibody Frictional Contact Problems, Computers & Structures, 1988, 29(4):569～576

28 Klarbring A and Bjorkman G. A Mathematical Programming Approach to Contact Problems With Friction and Varying Contact Surface . Computers & Structures, 1988, 30(5):1185～1198

29 Doudoumis I N and Mitsopoulou E N. On The Solution of The Unilateral Contact Frictional Problem for General Static Loading Conditions. Com. puters & Structures, 1988, 30(5):1111～1126

30 Garstecki A and Mroz Z. Optimal Design of Supports of Elastic Structrues Subjected to Loads and Initial Distortious Mech. Struct & Math. 1987, 15(1):47～68

31 Radok R and Chan P S. A Linearizing Algorithm for Nonlinear Differential Equations. Computer Methods in Applied Mechanics and Engineering, 1986, 54:245～253

32 利普·威瓦．工艺管线设计．石油工业出版社，1981

33 J M 盖尔，W 韦孚．杆系结构分析．水利出版社，1980

34 Horn R A and Jonhson C R. Matrix Analyssi. Cambridge University Press, 1985

35 赵超燮编．结构矩阵分析原理．人民教育出版社，1982

36 党锡淇，陈守五主编．活塞式压缩机气流脉动与管道振动．西安交通大学出版社，1984

37 王德人编．非线性方程组解法与最优化方法．人民教育出版社，1979

38 钟万勰,丁殿明,程耿东．计算杆系结构力学．水利电力出版社,1982
39 J M 奥特加,W C 莱因博尔特．多元非线性方程迭代解法．科学出版社,1983
40 赵延元等．热力管道设计手册．山西科学教育出版社,1986
41 Victor H M. Piping Stress Handbook. Gulf Publishing Company,1983
42 朱瑞兆编著．风压计算的研究．科学出版社,1976
43 水利电力部规划设计管理局．火电发电厂汽水管道应力计算技术规定 SDGJ6—78·(试行). 水利电力出版社,1979
44 M N 卡扎凯维奇．地上管道和悬吊管道的空气动力稳定性．石油工业出版社,1981
45 崔孝秉．架空热力管道热膨胀位移的近似分析．力学与实践,1985. 8(5)
46 仝兴华,崔孝秉,蔡强康．架空热力管道热胀位移的进一步分析．石油大学学报(自然科学版),1989,13(1):53～65
47 仝兴华,崔孝秉,蔡强康．弹性抗弯铰模型在管繁结构分析中的应用．石油大学学报(自然科学版),1989,13(5):51～61
48 仝兴华,崔孝秉,蔡强康．架空热力管道系统热膨胀位移的试验研究．石油大学学报(自然科学版),1990,14(2):55～61
49 崔孝秉,仝兴华,蔡强康．架空热力管道系统数值结构分析的一种新方法．电力技术,1990,23(4):40～42
50 崔孝秉,仝兴华,蔡强康．管系球型补偿器的受力分析及其应用．石油化工设备,1990,19(3):1～4
51 仝兴华．架空热力管道系统非线性结构分析．[博士学位论文]. 北京．石油大学,1990
52 Cui Xiaobing, Tong Xinghua & Cai Qiangkang. A New Method For Structural Analysis of Overhead Piping Systems With Support Frictions, Proceedings of the

International Symposium on Structure Techniques of Pipeline Engineering,Beijing,1992,217～213

53 Tong Xinghua,Cui Xiaobing & Cai Qiangkang. Theoretical Analysis of Anisotropic Frictional Contact in Pipelines, Proceedings of the International Symposium on Structure Techniques of Pipeline Engineering,Beijing,1992,210～215

54 仝兴华,崔孝秉,蔡强康．架空热力管道系统非线性结构分析程序的特性及其应用．石油化工设备,1992,21(5):1～3

55 仝兴华,崔孝秉,蔡强康．用有限元迭代法分析有滚柱支架的架空热力管道系统．石油大学学报(自然科学版),1992,16(6):72～77

56 仝兴华,岳伯谦,王秋生．氧气管线焊口开裂分析及热胀应力计算．管道技术与设备,1994,(3)